国　家　级　职　业　教　育　规　划　教　材
人力资源和社会保障部职业能力建设司推荐
全国中等职业技术学校印刷专业教材

平版印刷工艺

（第二版）

人力资源和社会保障部教材办公室组织编写

沈　都　主　编
王训泉　主　审

中国劳动社会保障出版社

图书在版编目(CIP)数据

平版印刷工艺/沈都主编. —2 版. —北京：中国劳动社会保障出版社，2013
全国中等职业技术学校印刷专业教材
ISBN 978-7-5167-0609-1

Ⅰ.①平… Ⅱ.①沈… Ⅲ.①平版印刷-生产工艺-中等专业学校-教材 Ⅳ.①TS82

中国版本图书馆 CIP 数据核字(2013)第 256547 号

中国劳动社会保障出版社出版发行
(北京市惠新东街 1 号 邮政编码：100029)

*

北京市科星印刷有限责任公司印刷装订 新华书店经销
787 毫米 ×1092 毫米 16 开本 9.75 印张 218 千字
2013 年 11 月第 2 版 2024 年 5 月第 4 次印刷

定价：18.00 元

营销中心电话：400-606-6496
出版社网址：http://www.class.com.cn
http://jg.class.com.cn

简　介

JIANJIE

本教材为全国中等职业技术学校印刷专业国家级规划教材，由人力资源和社会保障部教材办公室组织编写。教材介绍了单色机胶印单色印刷品和四色机胶印彩色印刷品两种工艺。其中，单色机胶印单色印刷品部分主要介绍输纸管控、印版更换与版位校正、水墨平衡管控、印刷压力管控和单色胶印质量管控；四色机胶印彩色印刷品则包括印刷前预调节、印版更换与套印、校色与质量管控和四色胶印故障分析等内容。教材以完成单色正文、彩色封面的书籍印刷为载体，将学生引入实际生产的情境中，学生学习知识的过程同时也是完成对应工作任务的过程。教材每部分内容后都有相关的"技能训练"和"思考练习题"，用以进一步巩固学生"做中学，学中做"的成果。教材配有电子课件，可登录 www. class. com. cn 在相应的书目下载。

本教材由沈都任主编，王训泉审稿。

目　录

MULU

绪　论

印刷工艺的含义是指用适当的印刷材料，通过印刷设备生产印刷品的加工方式、加工流程和加工技术。它包括从原稿到印前文图信息处理，再到印刷、印后加工并最终成为印刷品的整个印刷复制工艺过程。现代印刷工艺技术由于与现代计算机数字化、信息化、网络化技术的不断融合而发生了巨大的变化，而且这种变化不简单停留在工艺技术的表面，已经深入到了支撑产业技术的基础层面，并开始波及产业运行和管理的基本架构。

一、印刷工艺发展概述

现代印刷工艺技术的发展从20世纪50年代开始，印刷技术不断地采用电子技术、激光技术、信息科学及高分子化学等新兴科学技术所取得的成果，进入了现代化的发展阶段。20世纪70年代，PS版投入印刷市场，并在印刷生产中实用化，为印版制作、印刷的规范化和数据化创造了条件，使印刷向多色、高速的方向发展。20世纪80年代，电子分色扫描机和整页拼版系统的应用，使彩色图像的复制达到了数据化、规范化，而汉字信息处理和激光照排工艺的不断完善，使文字排版技术告别了“铅与火”，发生了根本性的变革。20世纪90年代到21世纪的今天，彩色桌面出版系统、计算机直接制版（CTP）、数字印刷机等的推出，表明计算机技术全面进入印刷领域，并在技术上日趋成熟。

传统的印刷生产主要依靠模拟处理和控制方式，但是随着以计算机和数字网络为代表的数字技术在印刷生产中的应用，这种状态正在发生变化，开始转向数字处理和控制方式。印刷生产的数字化是从印前数字化开始的，目前已经延伸到印刷和印后加工，并且开始向印刷业务和商务领域扩展。目前，多数印刷生产依然处在模拟和数字并存的阶段，但是已经出现完全依靠数字和网络技术，印前、印刷和印后整合成一个完整系统的生产方式。今天印刷生产越来越依赖于数字媒体（如网络、光盘、磁盘，以及其他形式的数字存储介质），数字媒体为印刷提供了新的产品形式、处理载体和存储媒介。

二、印刷工艺流程

现代印刷品大多是科技含量很高的集约化产品。计算机组版、计算机直接制版、数字印刷机印刷等在印刷品的复制中越来越显示出重要的地位。从原稿到印刷产品的工艺流程可以用图1来表示。

三、印刷工艺设计

印刷工艺设计是对一批产品或一张原稿在生产前所做的总体计划，是实施科学的管理方法和规范化、数据化操作的重要措施。只有工艺设计正确，对完成这种产品的目标、人员、工艺、器材、方法和措施规定得明确，计划得周到，才能使各工序操作井井有条，减少盲目性，少走弯路，进而获得高质量的产品。

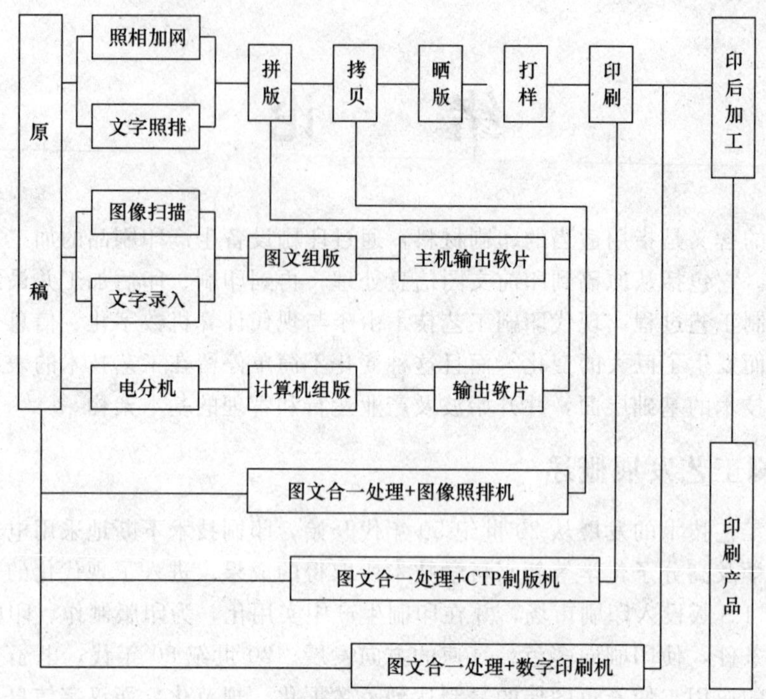

图 1　原稿到印刷产品的工艺流程

印刷工艺设计既是管理工作，又是技术工作。它是把原稿、印前文图处理、打样、印版制作、印刷和印后加工全过程组成一个整体，各工序都按印刷工艺单（又称印刷施工单，见图 2）的统一指令执行。

印刷工艺设计是通过印刷工艺单来实施的。印刷工艺单一般分两种：一种是整个复制的总工艺单，另一种是各工序工艺单，由职能部门和车间工艺组设计。

印刷工艺设计的主要内容：一是对原稿进行分类，理解各类原稿的特点和客户的要求；二是确定后工序所用的设备和材料，掌握纸张、油墨的性质；三是优选出最佳工艺方案，制订相应的技术措施。

在阅读印刷工艺单时，应关注下列几个方面：

第一，产品的名称、成品规格尺寸、印刷开数、质量要求和生产周期。

第二，印刷所用纸张的名称、规格、定量、数量、印刷正数、印刷加放数和其他加放数。

第三，印刷所用油墨的名称、型号、所需的数量和印刷适性等。

第四，所印产品的工艺方法、咬口尺寸、印刷色数、色序安排和作业过程中的数据标准。

第五，产品印后加工对印刷的要求。

第六，承印本印件的机台及责任人。

四、平版胶印工艺

现在所说的平版印刷一般指平版胶印印刷。严格讲，如石印、珂罗版印刷等形式也属于

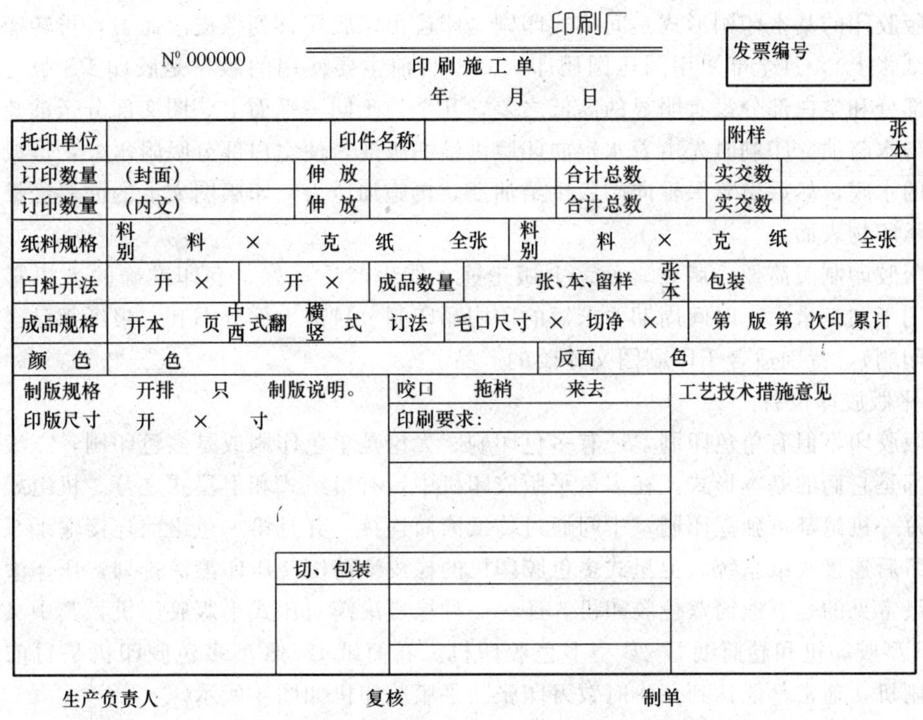

印刷厂

N⁰ 000000　　印刷施工单　　发票编号

年　月　日

托印单位		印件名称			附样	张本
订印数量	（封面）	伸 放		合计总数	实交数	
订印数量	（内文）	伸 放		合计总数	实交数	
纸料规格	料别　料　×　克　纸　全张			料别　料　×　克　纸　全张		
白料开法	开　×	开　×	成品数量	张、本、留样 张本	包装	
成品规格	开本　页　中西式翻　横竖式　订法		毛口尺寸　×　切净　×		第　版　第　次印　累计	
颜　色	色			反面　色		
制版规格　开排　只　制版说明。 印版尺寸　开　×　寸		咬口　拖梢　来去 印刷要求：		工艺技术措施意见		
	切、包装					

生产负责人　　复核　　制单

图 2　印刷工艺单

平版印刷的范畴，不过这几种印刷形式目前较为少见，而平版胶印则较常见。

平版胶印是发展较晚的一种平版印刷形式，从发明至今也才 100 多年时间。平版胶印不但是发展最快的一种平版印刷技术，也是工艺变革最大的一种印刷形式，许多先进的现代科学技术被引用到平版胶印技术中来。在世界范围内，平版胶印印刷在印刷业中已经成为第一大印刷形式。

1. 平版胶印机工作原理

平版胶印机工作原理如图 3 所示。

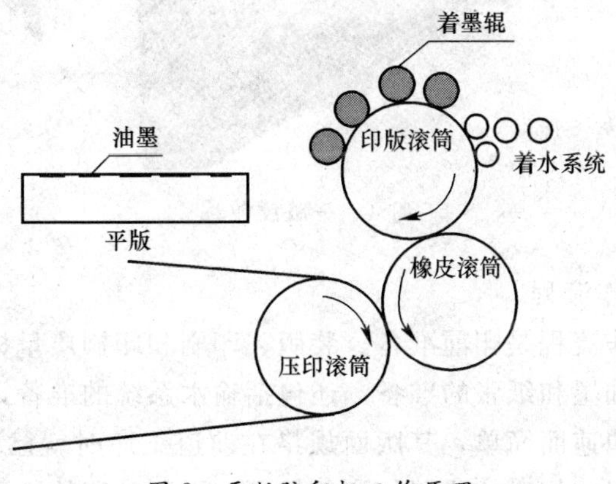

图 3　平版胶印机工作原理

平版胶印的基本印刷形式是间接式印刷（印迹由印版转移到橡皮滚筒上，再转印到压印滚筒的纸张上），且全部采用圆压圆压印方式。目前主要使用的版材是胶印 PS 版。印版上的图文部分和空白部分没有明显的高低之差，几乎处于同一平面上。图文部分亲油疏水，空白部分亲水疏油。印刷时先由着水辊向印版供给润版液，使空白部分吸附水分，形成抗拒油墨浸润的水膜，然后由着墨辊向印版供给油墨，再施加压力，印版图文上的油墨经橡皮滚筒转移到承印物表面。

平版胶印制版简便、版材轻便、上版迅速，能生产质量好、套印准确的大幅彩色印刷品，适用于加工量大、时间周期要求短的印刷品印制（目前大部分书刊、报纸都已经采用平版胶印印刷），特别适合于印刷图文并茂的产品。

2. 平版胶印设备

平版胶印不但有单色印刷，还有多色印刷。无论是单色印刷或是多色印刷，三滚筒间接式印刷都是它们的基本形式。在多色平版胶印机中，有机组式和卫星式之分。机组式多色印刷机的每一机组都可独立印刷，中间通过传纸滚筒连接。并且第一色组前连接输纸系统，最后一色组后连接收纸系统。卫星式多色胶印机的橡皮滚筒围绕压印滚筒排列，压印滚筒是共用的。最常见的是五滚筒双色胶印机。还有一种橡皮滚筒对压式平版胶印机，其中又分单张纸 B—B 型胶印机和卷筒纸 B—B 型多色胶印机。卷筒纸 B—B 型多色胶印机是目前速度最快的印刷机，通常都能达到每小时数万印张。平版胶印机如图 4 所示。

图 4　平版胶印机

3. 平版胶印工艺操作流程

平版胶印工艺的操作流程是印前准备、装版、印刷和印刷质量检查。

印前准备不仅包括油墨和纸张的准备，还包括输水系统的准备，当然也少不了胶印机的调节。平版胶印的装版快速而简单，其版面规格在前道工序时就已确定，不需要任何调整，只需对胶印的版面与纸张的相对位置稍加调整即可。平版胶印的版面要求图文部分亲油，非图文部分憎油，而印版的空白部分原先并无这种选择性，因而印刷程序中要给印版先上水后上墨。

印刷过程中，印张上的墨量不仅受供墨量影响，还受供水量的影响。因此，印刷过程中控制水墨平衡是一项关键性的技术。墨量大了，会使油墨的颗粒向非图文部分扩张、起脏；墨量小了，印迹淡薄无力。同样，水量大了，油墨发生过度乳化，会使印迹墨层受抑制，淡薄无力；水量小了，油墨发生乳化不够，会向非图文部分扩张、起脏。可见，要获得满意的印迹墨层，平版胶印技术的要求比其他印刷方式更复杂。

4. 平版胶印的特点

平版胶印的诸多特性，形成了其能适应各种印刷品的特点。平版胶印有以下特点：

(1) 适合大面积印刷

平版印刷的印版图文在一张金属版基上，图文固定，中途不会有位置变化，适合大面积印刷。书刊、报纸就是采用这种印刷方式。烟草包装印刷厂采用双全张幅面印刷机，可以大量印制烟盒。由于是平面压印，平版胶印还适用于大面积实地印刷，其实地效果平服，这是其他印刷形式所达不到的。平版印刷还可以用金粉或银粉调入油料进行金、银色印刷。

(2) 印刷速度较高

平版印刷全部采用圆压圆式压印，在对压中用弹性橡皮布作为中间转印物，有利于提高印刷速度。世界上最快的轮转胶印机已经达到每小时 20 万印以上。平版胶印制作上机印版方便、快捷，只需十几分钟。因此，适合加工量大、时间周期要求短的印刷品印制。

(3) 适合图像印刷

平版印刷的印版决定了其图像印迹可以制得非常细腻，所以特别适合图像印刷。平版胶印的图像印迹可以用 70 线/cm (175 线/in，1 in＝2.54 cm) 以上的细网点来表现，所以印出图像特别细腻。

(4) 适合彩色印刷

平版胶印适合于印刷彩色图像，是它的重要特点之一。由于平版印刷可以用细小的网点作为印迹单元，成了它用于彩色印刷的基础。用 4 种不同颜色的网点交叉印刷，就可以印出色彩斑斓、图案精美的印刷品。画册、挂历、明信片、邮票、产品样本、商品包装等，基本上是用平版胶印印刷的。平版胶印使用的是氧化结膜型油墨，适用于平滑度高的纸张。如果采用印刷适性好的油墨和纸张，可使印刷图像具有很好的艺术效果。

上　篇
单色机胶印单色印刷品

SHANGPIAN
DANSEJI JIAOYIN DANSE YINSHUAPIN

用单色胶印机印刷单色印刷品是印刷生产中（特别是书刊正文印刷中）常见的印刷工艺形式。单色胶印机自动化程度不高，其印刷生产过程主要包括输纸管控、印版更换与版位校正、水墨平衡管控、印刷压力管控、单色胶印质量管控等内容。本篇涵盖了平版单色胶印印刷工艺的基本原理和基本控制，以及常见的工艺故障分析、排除等内容。

项目一　输纸管控

输纸管控是印刷实施的重要环节，印刷用纸能够在印刷机上按要求平稳、顺利地输送，是生产出合格印刷品的基本保障。为了实现有效的输纸管控，就必须准备好印刷用纸，并对印刷机进行相应的输纸调节，以保证纸张在印刷过程中实现准确的输送和回收。

任务1　纸张准备

学习目标

了解印刷用纸质量检测的内容，熟悉纸张的调湿处理方法，熟悉装纸操作程序和要求，掌握纸张整理内容及要求；会判别印刷用纸质量，会数纸、闯纸、敲纸、搬纸，能按标准要求进行堆装纸操作。

纸张是平版印刷重要的承印材料之一，纸张的印刷适性（印刷用纸适应印刷的性能）直接决定了印刷过程是否能够顺利进行。因此，印刷工作开始之前，必须要对领取的纸张进行一定的处理，为印刷做好准备。

任务引入

完成胶印 3 000 张对开 80 g/m^{2}胶版纸的单色印刷项目的印前纸张准备任务。

任务分析

印刷用纸的印前准备任务包括了从领料到按要求将印刷用纸堆装在胶印机输纸台上相应位置的全过程操作。其具体的工作流程是：

领料（质检、验数）→纸张的调湿处理（晾纸）→纸张整理（闯纸、敲纸、搬纸）→装纸（堆纸）

相关知识

一、领料要求

胶印机操作人员按照印刷工艺单的要求，凭生产领料单到纸库领取本次印刷任务用纸，并对领取的印刷用纸进行品种、规格、质量、数量的全面核查验收。

1. 质检要求

印刷用纸的质检一般是指纸张的外观质量检测，包括定性目测和定量检测两方面。印刷用纸的外观质量差不但会降低纸张的使用价值和印刷成品率，严重时还会使印刷成品成为废品。另外，纸张中个别严重的外观纸病如硬纸块等，在印刷时还会轧坏印版、橡皮布和胶辊，损坏印刷设备。

（1）印刷用纸的定性目测

印刷用纸的定性目测内容有表面强度、白度、不透明度、光滑度、平整性等方面外观纸病，主要表现为尘埃、斑点、网痕、皱纹、折子、脏点、草皮、透明点、温斑、洞眼、压花、疤痕、浆疙瘩、硬质块，以及定量不均、匀度不良、纸张卷曲、紧边、荷叶边等。这些外观纸病，有的是由抄纸前的纸料中带入的，有的是抄纸过程中操作不当或技术不佳造成的，有的是厂内环境卫生不佳引起的，还有的则是由于纸张含水量的不均匀变化导致的。

（2）印刷用纸的定量检测

印刷用纸的定量检测内容有纸张的定量、纸张的厚度和印刷用纸规格等方面。

1）纸张的定量。纸张的定量是指单位面积纸张的质量，以 g/m^2（每平方米的克数）来表示，它是进行纸张计量的基本依据。印刷用纸的定量，最低为 17 g/m^2，最高为 450 g/m^2。定量的测定要在标准的温、湿度条件下（温度 23±1℃，相对湿度 50%±2%）进行。常见印刷用纸的定量为：

凸版纸定量为（49～60）±2 g/m^2。

新闻纸定量为（49～52）±2 g/m^2。

胶版纸定量为 60 g/m^2、70 g/m^2、80 g/m^2、90 g/m^2、100 g/m^2、120 g/m^2 和 150 g/m^2。

铜版纸定量为 55 g/m^2、60 g/m^2、70 g/m^2、80 g/m^2、100 g/m^2、105 g/m^2、115 g/m^2、128 g/m^2、150 g/m^2、157 g/m^2、200 g/m^2、233 g/m^2、250 g/m^2 和 257 g/m^2。

白版纸定量为 200 g/m^2、250 g/m^2、300 g/m^2、350 g/m^2、400 g/m^2 和 450 g/m^2。

在技术方面，定量是进行各种性能鉴定（如强度、不透明度）的基本条件；在实用性方面，定量是决定单位质量纸张所具有的使用面积的根本因素。

2）纸张的厚度。纸张的厚度是在规定一定面积、一定压力的条件下所测得纸的两个表面之间的垂直距离。纸张的厚度与纸张的基本规格没有直接关系，但对印刷品的使用者和出版者来说，厚度是一个十分重要的质量指标。

厚度与定量有着密切的关系，厚度大的纸一般定量也比较高。但二者之间也不是简单的正比关系，甚至有的厚度小的纸反而比厚度大的纸定量高，这是由于紧度（密度）不同所产生的影响。

3）印刷用纸规格。用于印刷的纸张有新闻纸、凸版纸、胶版纸、铜版纸等十几个品种，以单张纸和卷筒纸两种形式呈现，见表 1—1—1。纸张的常见规格见表 1—1—2。

2. 验数要求

验数又称数纸，在生产过程中起着重要作用。一般纸张进仓库、出仓库要验数，机台领纸要验数，印刷完成后要验数，交货要验数。如果进行有价证券的印刷，验数的情况更多。所以验数是印刷生产过程中用得较多的一种技能，一般要求出错率不超过千分之五。

验数前，应根据送料单，对照印刷工艺单确认纸张的规格、品种、正印数、加放数等内容正确无误，然后就可用刮板，纸条夹片等工具进行操作了。

表 1—1—1　　纸张的呈现形式

单纸张	卷筒纸
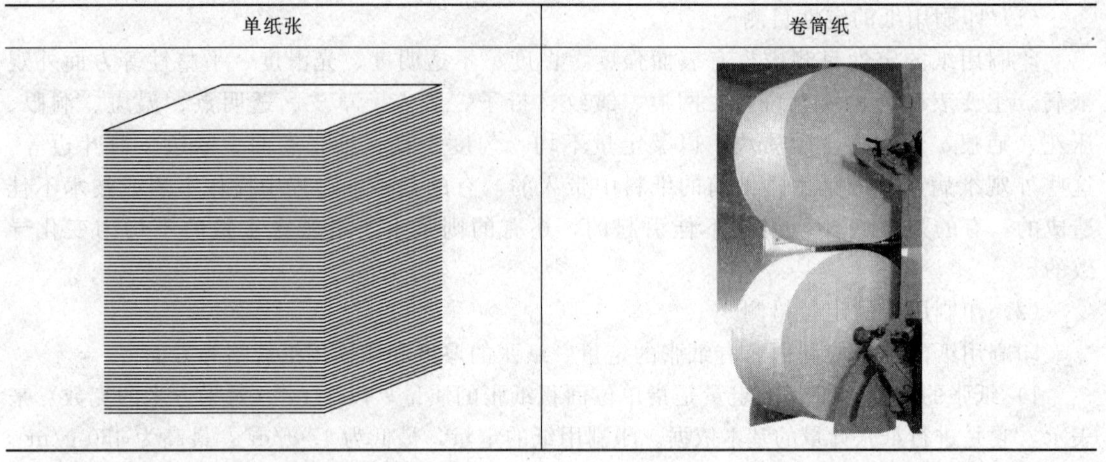	

表 1—1—2　　纸张的常见规格

单张纸幅面尺寸（mm）	卷筒纸宽度尺寸（mm）	
1 000×1 400（B系列纸）	宽度	长度
900×1 280（A系列纸）	1 575、1 562、1 400、1 092、1 280、1 000、1 230、900、880、787	大于 6 000 m
880×1 230（A系列纸）		
850×1 168（大度纸）		
787×1 092（标度纸）		
889×1 194		

当验数的纸张较少时，通常可以直接在工作台上进行。对于整垛纸张的验数，则可采用两种方法：一种方法是搬一叠纸（500～1 000 张）到备用的堆纸板上验数，完成后再搬一叠再验数，直到完成；另一种方法是翻卷堆叠验数，采用此法时，将堆叠部分数完后，再搬到堆纸板上，直至完成。

验数时应注意：

（1）要集中精力，划数要清楚，记数要准确。

（2）纸张要整齐，注意检查纸张是否有长短不齐、粘连或破损等。

（3）刮擦时力度要适当，防止出现划痕，甚至划破。

（4）双手保持清洁，以防在纸张上留下污迹。

（5）验数结束时要检查所用工具是否遗漏在纸堆内。

二、纸张的调湿处理

纸张的吸湿性极强，其含水量随环境湿度的变化而变化，在运输、存储和使用过程中，由于环境温、湿度不断变化，纸张便会出现伸缩、变形，从而对印刷产生影响。因此，在纸张上机印刷之前，为保证印刷质量，必须对印刷用纸进行调湿处理。纸张进行调湿处理的目的是使纸张在印刷中的变形控制在许可范围内，以适应印刷过程的要求。

纸张的调湿处理是根据纸张的滞后效应原理进行的。所谓纸张的滞后效应是指把纸张置于一定湿度下强迫变形后，改变湿度再次变形时，它的变形将变慢，变形的相对幅度也变小。

调湿处理就是利用纸张的滞后效应，在上机开印以前，对纸张进行处理。经过人为调节纸张的相对湿度后，纸张在印刷过程中受相对湿度变化的影响就相当缓慢了。纸张调湿的时间越长，滞后效应越明显，印刷过程中的伸缩率越小。

印刷厂对纸张的调湿处理主要是指对单张纸的处理，这种调湿处理叫晾纸，又叫吊晾纸张。单张纸的调湿处理主要采取自然吊晾法和机械吊晾法两种方法。

自然吊晾法是把纸张吊晾在印刷车间或与车间温、湿度相近的晾纸间，吊晾时间一般在2天以上。吊晾时间越长，调湿效果越好，印刷过程中纸张伸缩率越小。如果在自然吊晾法中增加鼓风条件，吊晾时间可缩短至原来的1/8～1/4。

机械吊晾法是在晾纸间进行的，使用专用晾纸机，目前通用的有圆形晾纸机和桥式晾纸机。

单张纸的吊晾不仅能调节纸张的温、湿度，还能使纸张含水量均匀，避免印刷过程中因纸张含水量不匀造成的打皱。另外，纸张经吊晾后可以去除表面浮尘和异物。

卷筒纸的调湿处理只能采取静置的方法，调湿时间需数月之久。由于卷筒纸多用于速度很高的轮转机，印刷一次完成，往往并不进行专门的调湿处理。如果卷筒纸局部严重受潮变形，只能移作他用或报废。

三、纸张整理要求

1. 闯纸

闯纸又称撞纸，是理纸的一种工艺。闯纸的作用是使准备装输纸台的纸张松透，消除纸张的密合及半成品纸张之间的粘连现象，并将纸张撞齐，便于整齐堆装纸张，减少双张等输纸故障。

闯纸常用的操作方法有对角抖纸法和拖梢纸角法。闯纸时应注意：

(1) 闯纸的目的是理齐并松透纸张，不需要过多地闯纸、抖纸，以免损坏纸边，特别是要注意咬口（前端）和侧规边，不要过多在这两边闯纸。

(2) 要松透纸张后再闯纸，以免损坏纸边。

(3) 半成品特别要松透，并注意纸张是否粘连。

(4) 闯纸、抖纸动作要轻巧、灵活，不能生拉硬扯，撕坏纸边。

2. 敲纸

敲纸的目的是使印刷纸张具有一定的挺硬度和平整度，使输纸顺利，减少输纸故障，保证纸张定位准确，确保质量。

一般来说，定量在60 g/m^2以下的纸张，纸质薄而软，纸边的挺度较差，前规、侧规定位时因受印刷机的冲击惯性影响，容易卷边，拖梢（后端）边也因不够挺，不易被吹松，而影响输纸和印刷品的套准。因此，这类纸张上机印刷前必须要经过敲勒，以保证印刷顺利进行。

一般在定位和松纸部位进行敲纸，比如咬口部位、侧规定位部位和拖梢部位，如图1—

1—1 所示。敲勒后的纸张，咬口的折痕应呈扇面状，折痕间距均匀，平直有力。纸张侧规部位的敲痕位置要与侧规对应准确，折痕略呈“八”字形，拖梢折痕可浅一些。折痕间的距离视纸张的厚薄而定，一般在 15～30 mm；敲痕的长度根据纸张厚薄可分别在 80～120 mm。薄纸由于纸质软且易卷曲，敲击力可大一些，间隔可小一些；纸质略厚的纸，敲击力要小，间隔要大。一般挺度能达到要求的纸张不必进行敲纸。

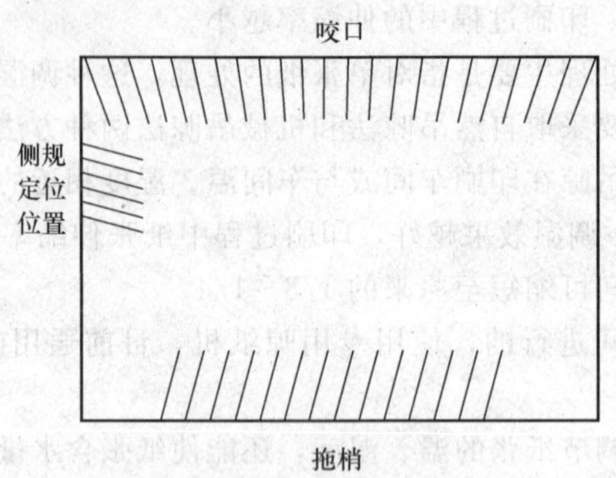

图 1—1—1　敲纸操作部位

经过敲勒整齐的纸张，外观上应保持平服整洁、不损不破，定位部位的挺度好，能够保持正常输纸和印刷品质量。

3. 搬纸

在整理纸张的过程中免不了要搬运纸张，搬纸时应注意：对于不同厚度的纸张，在拿纸时应采用不同的方法，比如厚的纸张尽量使用拿边法，以免使纸张有折痕。

四、装纸要求

装纸是整理纸张的最后一个环节，又称堆纸，是指把待印的纸张平整地堆放在输纸台上的过程。

装纸操作时应注意以下几点：

1. 注意识别纸张的正反面和前规、侧规定位边，特别是半成品，不允许出错。

2. 将不同规格的半成品隔开（如中途换版等），防止混合堆装，造成套印差错。

3. 堆纸过程中出现的折角应及时纠正，剔除不能使用的折角碎边纸张，检出废品、碎纸等。

4. 纸叠间的衔接部分容易出现不齐，装纸时要重点注意纠正。如有明显的不齐，必须搬下重新堆装。

5. 装纸过程中有无法克服的纸堆局部高低不准，纸堆中部可用折叠的纸条加以充填，纸边可用木楔来调节，但必须注意适时抽去木楔，以防酿成事故。

6. 纸张堆装完成后，面上用十几张干燥、整洁且规格尺寸与堆装纸相同的纸张覆盖，作为过版纸或校版使用。

装纸时要求将纸张堆叠得整齐平整，满足输纸器连续平稳输纸的要求。堆装完成的纸堆，其咬口与侧规定位边应平展、齐整，抚摸无明显的凹凸感。纸堆表面平整，无波浪形起伏。

任务实施

一、领料

胶印机操作人员按照印刷工艺单的要求，到纸库领取本次印刷任务要用的3 000张对开80 g/m²胶版纸。

1. 质检

对领取的印刷用纸进行品种（胶版纸）、规格（对开80 g/m²）、质量（目测有无外观纸病）的全面核查验收。

2. 验数

用刮擦法数出3 000张对开80 g/m²胶版纸。

数纸时常用的方法有刮擦法和提角法，见表1—1—3。刮擦法适用于整叠纸张的验数，提角法适用于少量纸张或较厚纸张的验数。

表1—1—3　　常用数纸方法

名称	操作步骤	操作图示
刮擦法	第一步，将纸张整理平放，用双手的手掌从纸张中间向两边挤压，将纸张内的空气排出 第二步，右手捏住一叠纸的右下角，捻松后，利用腕力将纸张翻转成扇面形状 第三步，用左手掌按住被翻转的纸边，固定住呈扇形的纸张，然后右手放开纸角 第四步，用右手手指（或用刮纸板）在纸边右下角刮擦，每刮擦出5张，左手食指插进纸内分开，同时右手离开纸下角让纸张下落，然后再次刮擦，如此循环，直到100划，放进纸条作记号	
提角法	第一步，将纸张整理平放，用双手的手掌从纸张中间向两边挤压，将纸张内的空气排出 第二步，右手捏住一叠纸的右下角，捻松后，利用腕力将纸张撩起 第三步，若采用单指数纸，则用左手大拇指由上往下压纸验数，食指迅速插入隔离，防止已数好的纸张回落；若采用多指数纸，则用左手的拇指、食指、中指和无名指，按照一指一划的方法进行数纸	

二、纸张的调湿处理

开动桥式晾纸机，将本次印刷用纸按6～10张/叠卡入桥式晾纸机的晾吊夹内，完成纸张的调湿处理工作。

三、纸张整理

1. 闯纸

用对角抖纸法进行闯纸操作，具体步骤见表 1—1—4。

表 1—1—4 闯纸操作步骤

第一步：抖纸	右手提起一叠纸张的右下角，将拖梢边向上翻，左手在纸张落下时捏住左纸角，然后右手上移至纸叠的右上角，将两对角纸张捻松，并提起两对角，呈上、下交叉抖动，使空气进入纸张。如果是半成品纸张，则应反复多次抖动，使纸张消除粘连	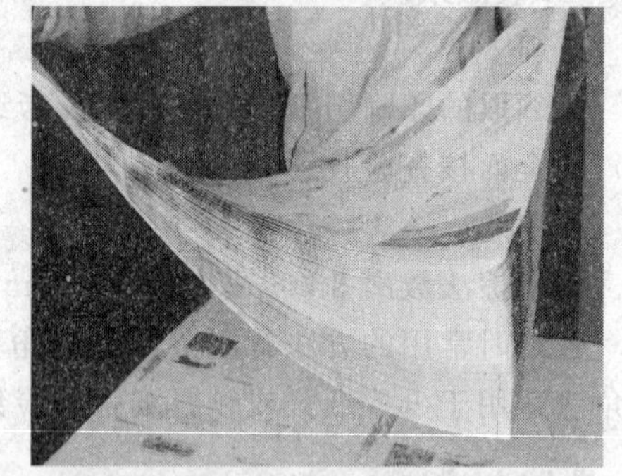
第二步：理齐	纸张松透后向桌面松开双手，在纸张顺势向下滑动的同时，双手左右轻轻碰撞纸两边，将纸张边理齐	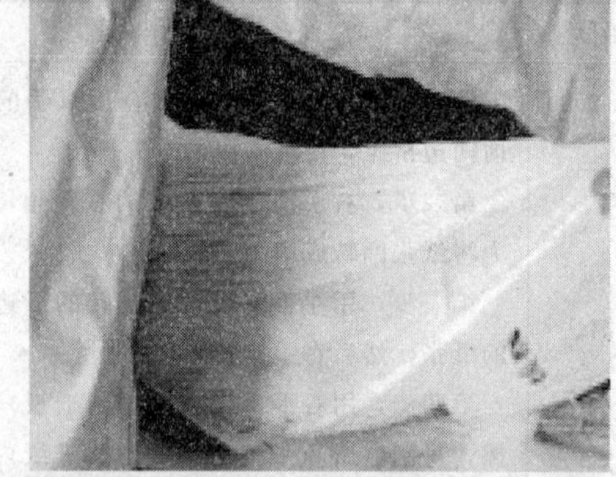
第三步：提纸	双手捏在纸张中上部并向内捻动纸边，使纸张向上呈弯弓状，然后将纸张竖直提起	
第四步：撞齐	将此叠纸向两侧拉住，并提离桌面一寸多，然后轻轻放开双手，使纸张自由下落向台面，落下后双手及时捏住纸边，再向上提，再自由下落，如此反复三四次，将纸张撞齐	

2. 敲纸

敲纸时，手指伸直并拢，利用手腕用力，以达到所敲纸张折痕平直、有力的目的。敲纸的操作步骤见表 1—1—5。

表 1—1—5　　敲纸操作步骤

咬口边敲纸	1. 搬一叠纸置放于清洁的工作台上，使纸叠咬口在前，拖梢在后（操作者站在拖梢边） 2. 捻松纸张，用右手提起其中一小叠纸的右下角，利用大拇指向外、食指和中指向内搓动，将纸叠捻松 3. 将捻松的纸张由下而上向左翻转，并交于左手 4. 右手沿翻转纸的弧边敲纸，同时左手大拇指和中指捏住纸张，向左方均匀移动，其余三指压住纸张并顺势作爬行移动。左右手配合，敲至纸叠的中部，将翻转的纸叠置放于左边纸叠面上。继续用右手再取下一小叠纸捻松并重复上述动作，直到这一叠纸张敲完 5. 这叠纸的右半边敲完后，将纸张右边翻回放平并理齐。将右半边纸内空气排出，然后敲左半边纸张。方法与敲右边纸一样，不同的是这次是右手控纸向右移动，而左手来配合敲纸	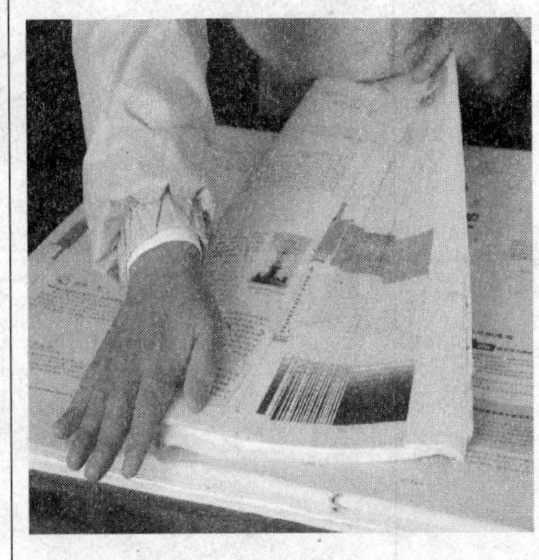
拖梢边敲纸	拖梢边的敲纸操作，与咬口边大致相同，只不过拖梢边的敲纸纸痕应在两个松纸吹嘴之间，并且略微倾斜	
侧规边敲纸	侧规定位边的敲纸操作，与咬口边大致相同，只不过侧规定位边的敲痕略呈“八”字形，敲5～6 条折痕即可	

3. 搬纸

搬纸操作步骤见表 1—1—6。

表 1—1—6　　搬纸操作步骤

翻卷法		把纸叠两侧向中心对折后，两手拿着纸叠的 1/3 处搬运。翻卷法适用于搬运不易产生折痕的纸张
提角法	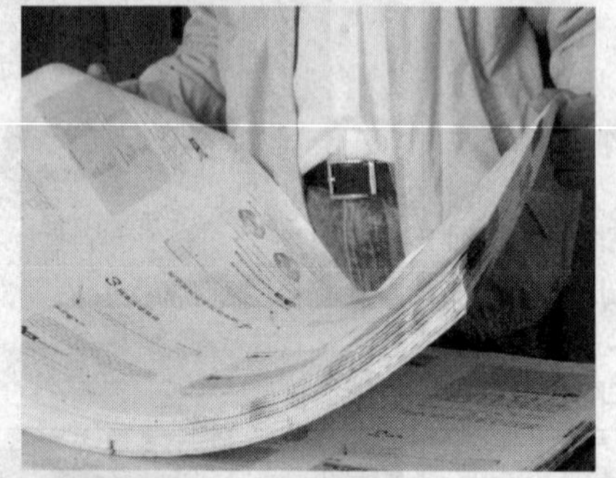	用两手手掌根凸起部分（在纸上）与四指（在纸下）夹住纸叠靠身体的两边纸角后，把纸叠提起，用身体顶着纸叠搬运。提角法适用于搬运所有纸张
挂边法	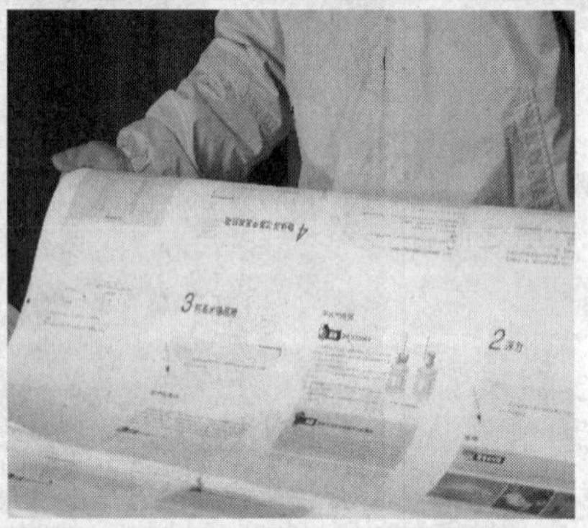	把纸叠拉出工作台约 1/3，用双手分别夹紧纸叠两侧的 1/3 处，平行拿起纸叠至胸前，纸叠自然弯曲下垂，然后搬运纸叠。挂边法适用于搬运所有纸张
拿边法		用两手拇指（在纸上）与四指（在纸下）夹住纸叠靠身体侧的纸边 1/4 处和 3/4 处的部位，提起纸叠搬运。拿边法适用于搬运幅面在四开以下的纸叠或厚度较小的纸叠

续表

翻角法	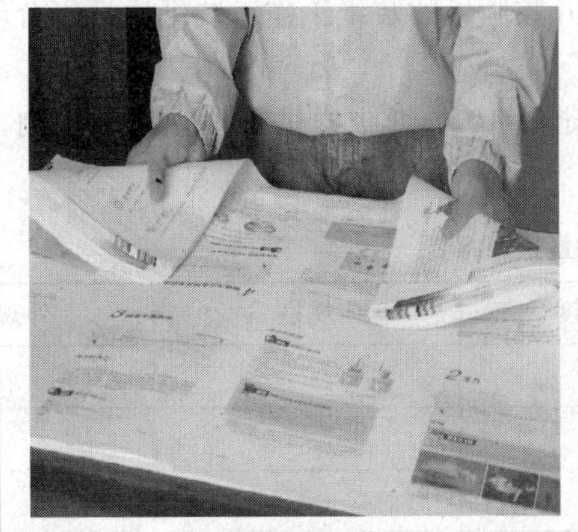	把纸叠拉出工作台约 1/3 后，将纸叠靠向身体侧的两边纸角翻卷起来，然后用两手手掌根凸起部分（在纸上）与四指（在纸下）夹住纸叠靠身体的两边纸角翻卷处，把纸叠提起，用身体顶着纸叠搬运。翻角法不适用于搬运太厚的纸

四、装纸

将本次印刷用纸按装纸操作要求装在输纸台上，其操作步骤见表 1—1—7。

表 1—1—7　　装纸操作步骤

将手中经过闯纸、敲纸后的纸张搬运到堆纸台上，与原有纸张放齐，同时用手背抵住下面纸堆面上的纸，不使其移动	 1—后压纸块　2—前堆纸挡板　3—侧堆纸挡板 4—升纸链条及横梁　5—上、下限位开关
用手背压住纸面，靠两手腕摆动和手指的捻动，使纸张叉开，将手中纸叠的最下面一张纸与纸堆最上面一张纸对齐	
两手小指、无名指抵住纸堆，其余三指将纸叠捻松，用手腕推动，将纸张在前挡板上撞齐，反复 2～3 次	
将纸叠向侧挡板推齐	
两手掌在纸堆中间用力向两边刮，排出纸张中间的空气。特别是咬口、侧规定位部分常会凸起，应反复压平整	

技能训练

1. 在 5 min 内完成 1 000 张纸的验数工作，且数纸操作的出错率不超过千分之五，不能造成纸张损毁。

2. 在 3 min 内完成 500 张 52 g/m² 凸版纸的敲纸工作，且不能造成纸张损毁。

3. 在 5 min 内完成 3 000 张 60 g/m² 四开胶版纸的装纸工作，装纸质量符合印刷输纸的要求。

4. 用直尺、千分尺和 10 倍放大镜对给定的 10 种纸张样进行外观质量检测，并填写表 1—1—8。

表 1—1—8　　纸张质量检测报告

序号	定量	厚度	规格	外观质量
纸张样 1				
纸张样 2				
纸张样 3				
纸张样 4				
纸张样 5				
纸张样 6				
纸张样 7				
纸张样 8				
纸张样 9				
纸张样 10				

思考练习题

1. 纸张在印前为什么要进行调湿处理？
2. 印刷纸张的调湿处理有哪些方法？
3. 用薄纸印刷时，为什么要在堆装纸前进行敲纸处理？
4. 写出常见的 10 种印刷用纸的名称、规格和用途。
5. 什么是纸张的开本？常见的出版物开本有哪些？
6. 闯纸的目的是什么？
7. 堆纸时，如果纸堆的表面不平整，应如何处理？

任务 2　输 纸 调 节

学习目标

熟悉输纸部件、输纸分离部件、输纸定位部件、输纸检测部件和收纸部件的调节要求及方法，掌握输纸试运行调节程序及要求；会调节和操作输纸分离部件、输纸部件、输纸定位部件、输纸检测部件和收纸部件，会胶印机的输纸开关机操作。

不同种类纸张的输纸调节方法是不同的。单张纸胶印机输纸系统的功能是使纸张自动、准确、平稳地与主机同步并逐张分离，再输送到纸张定位装置处定位，最后送入印刷机实施印刷作业。正确使用和合理调节输纸装置，是保证输纸准确性和稳定性的关键。输纸装置应根据所印纸张的大小和厚薄，按两张纸间的位置来调节。

任务引入

在单张纸单色连续式输纸的胶印机上，完成对开 80 g/m^{2}胶版纸的输纸调节任务，并开机自动、准确、平稳地输纸 30 张。

任务分析

单张纸胶印机的输纸调节是依据印刷用纸的规格和所用胶印机输纸装置的结构特点（目前单张纸胶印机一般采用连续式输纸机），按照胶印机输纸线路上的各个相关部件的前后次序进行逐一调节，使纸张与胶印机各个相关部件协同完成逐张输纸、定位、收纸的作业过程。

连续式输纸机的输纸调节任务包括了从分离装置调节（也称分离头或飞达调节）到收纸装置调节，最终到输纸试运行调节的全过程操作。其具体的工作流程是：

分离装置调节→输纸装置调节→套准装置调节→检测装置调节→收纸装置调节→输纸试运行调节

相关知识

一、纸堆位置的调整要求

纸堆位置调整是指纸张堆装到输纸台上时要调整到确定的位置，包括纸堆的前、后、左、右、高、低位置及纸堆表面平整度的调节操作。其调节要求是：

纸堆的前端（咬口）应贴紧前堆纸挡板。纸堆的后端（拖梢）位置应距后挡纸板前面 1～2 mm。纸堆左、右位置（靠身、朝外）确定的依据是将纸张侧规侧贴紧侧堆纸挡板。纸堆高、低位置可根据前挡纸牙顶端的位置调整，调节纸堆前面低于挡纸牙顶端 5 mm 左右；也可根据分纸吸嘴下落吸纸时，纸堆上面被吹松的纸和分纸吸嘴刚刚接触，不发生双张或吸不起纸的现象来进行位置调整；还可通过调节压纸吹嘴杆的长度来调节纸堆高低。总之，调节纸堆高低时，应综合考虑纸堆前后情况，以采取相应措施。

纸堆表面的平整度可用专用的楔子来调整。调整时要注意随着输纸过程的进行，随时调节楔子的位置，既要保证纸张表面平整，又要确保楔子不被卷进印刷机引发故障。

知识拓展

1. 输纸与输纸机

(1) 输纸机的类型

根据输送形式不同，输纸机可分为间歇式（见图 1—1—2）和连续式（见图 1—1—3）两种。

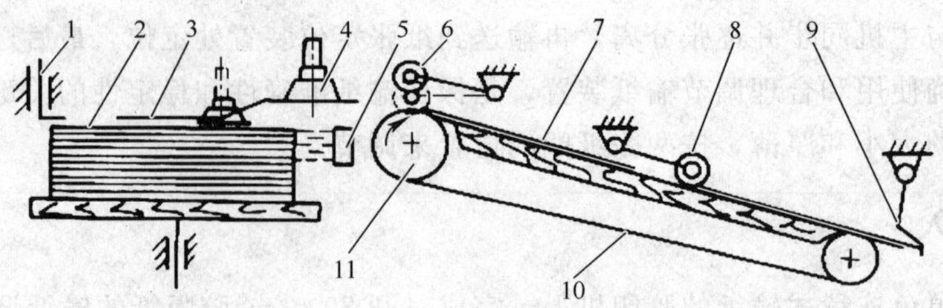

图 1—1—2　间歇式输纸装置

1—压纸器　2—给纸堆　3—纸张　4—吸纸嘴　5—松纸吹嘴　6—导纸点轮
7—输纸板　8—压纸轮　9—前规矩　10—输纸线带　11—导纸轴

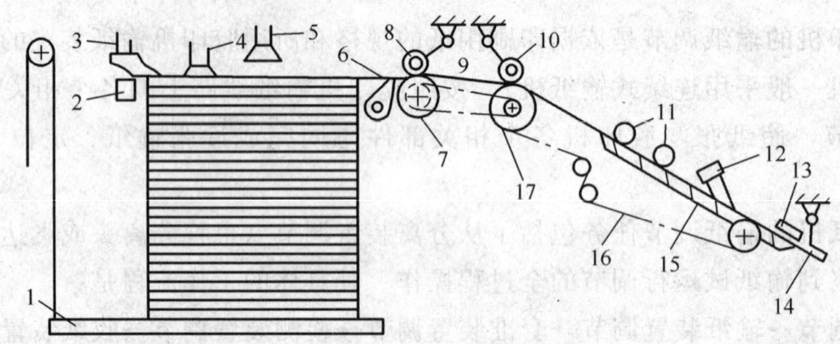

图 1—1—3　连续式输纸装置

1—堆纸台　2—松纸吹嘴　3—压纸吹嘴　4—分纸吸嘴　5—送纸吸嘴　6—前挡纸牙
7—送纸辊　8—摆动压纸轮　9—纸张　10—双张控制轮　11—压纸轮　12—压纸毛刷
13—侧规　14—前规　15—输纸板　16—输纸线带　17—线带轴

（2）间歇式输纸的特点

定位过程必须在后一张纸到达前一张纸的后边缘之前完成，其定位时间较短，定位准确性不高，影响印刷速度的提高。

（3）连续式输纸的特点

定位时间长，定位比较准确，有利于提高印刷速度。根据印刷工艺要求，必须有充足的时间才能保证纸张定位的稳定性。因此，只有缩短纸张的输送时间，加快纸张的输送速度，减少纸张输送距离，才能获得足够的定位时间。高速印刷机均采用连续式输纸。

2. 侧堆纸挡板靠纸侧位置的确定

可在固定在前堆纸挡板上的印刷横向标尺上确定。该位置刻度值一般设定为小于印刷用纸横向尺寸数值 6 mm 左右，为侧规拉纸定位留出余量。

3. 楔子的作用

楔子一方面用来调节纸堆的平整度，另一方面可用来调节纸堆的高度、控制纸堆上升量，所以操作者一定要用好楔子。

二、分离装置的结构组成及调节要求

纸张分离装置是将单张纸从纸堆上分离出来，并将其送至输纸板台的装置。分纸工作要求准确、无误、协调，分离纸张时不能出现双张、多张、空张、歪斜。分离装置由动件和静件两部分组成，如图 1—1—4 所示。动件包括分纸吸嘴、送纸吸嘴、压纸吹嘴、前挡纸牙等 4 个机件；静件包括松纸吹嘴、分纸斜毛刷、分纸平毛刷、后挡纸板、侧挡纸板等 5 个机件。

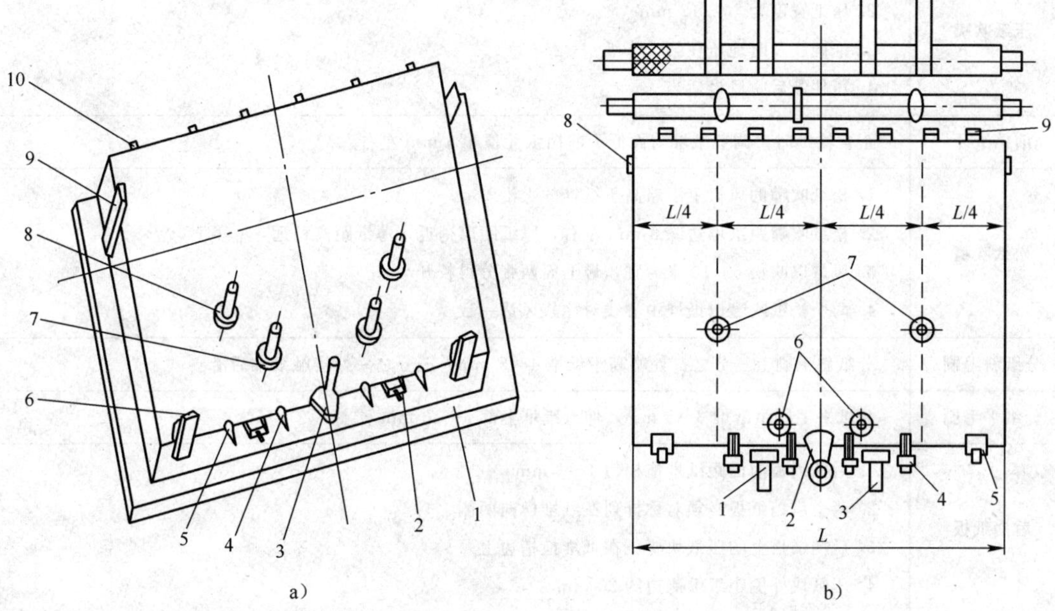

图 1—1—4 连续式输纸机纸张分离机构的工作位置

a)

1—输纸台 2—松纸吹嘴 3—压纸吹嘴 4—分纸斜毛刷 5—分纸平毛刷 6—后挡纸板 7—分纸吸嘴 8—送纸吸嘴 9—侧挡纸板 10—前挡纸牙

b)

1—松纸吹嘴 2—压纸吹嘴 3—分纸斜毛刷 4—分纸平毛刷 5—后挡纸板 6—分纸吸嘴 7—送纸吸嘴 8—侧挡纸板 9—前挡纸牙

分离装置的调节要求见表 1—1—9。

表 1—1—9 分离装置的调节要求

名称	调节要求
分纸吸嘴	1. 吸嘴吸纸时，底面与纸堆面的距离：厚纸为 2～3 mm，薄纸为 6～8 mm 2. 两吸嘴位置以纸堆中心线对称 3. 吸嘴中心距纸的拖梢 20～23 mm 4. 风量适当，厚纸略大一些
送纸吸嘴	1. 距纸堆面 1.5 mm 2. 两个吸嘴分别在四分之一和四分之三的位置 3. 选择合适的胶皮圈 4. 风量适当

续表

名称	调节要求
压纸吹嘴	1. 位于纸堆的中心 2. 压纸宽度为 10～12 mm 3. 准确、及时地压住第二张纸 4. 压住纸后吹风量适当
前挡纸牙	正常输纸时，调节纸堆前面低于前挡纸牙顶端 5 mm 左右
松纸吹嘴	1. 松纸吹嘴的风口上沿略高于纸堆的上沿 2. 松纸吹嘴距纸堆边缘 8 mm 左右，厚纸距离稍近，薄纸距离稍远 3. 风量以吹松 5～10 张为宜，最上面两张分得较开 4. 两个松纸吹嘴以纸堆中心线对称，风量一致
分纸斜毛刷	分纸斜毛刷上三分之一处略高于纸堆 4～5 mm，三分之一处接触纸堆后沿
分纸平毛刷	分纸平毛刷距纸堆 3～5 mm，伸入纸堆上部 6～10 mm
后挡纸板	1. 后挡纸板前面距纸堆拖梢边 1～2 mm 2. 两个后挡纸板必须对称排列在纸堆横向两侧 3. 后挡纸板上的压纸块要压在纸堆拖梢边上 4. 压纸块外侧距纸堆侧边约 20 mm
侧挡纸板	侧挡纸板有预定位、减速、导向的作用，应贴紧纸堆侧规定位边

三、输纸装置的结构组成及调节要求

输纸装置的作用是将分离出来的纸顺利、平衡、准时地输送至前规、侧规处。正确使用和合理调节输纸装置，是保证输纸准确性和稳定性的关键。输纸装置应根据所印纸张的大小和厚薄，按两张纸间的位置来调节。输纸部件主要由输纸带（传送带）、压纸轮、压纸毛刷、压纸毛刷轮（毛刷滚轮）等多部分组成，如图 1—1—5 所示。

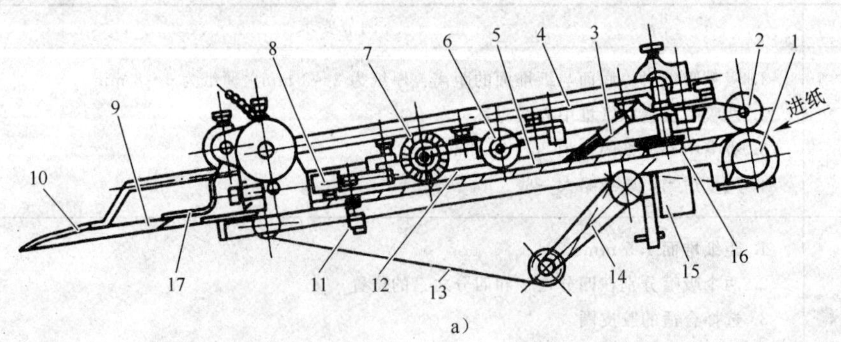

a)

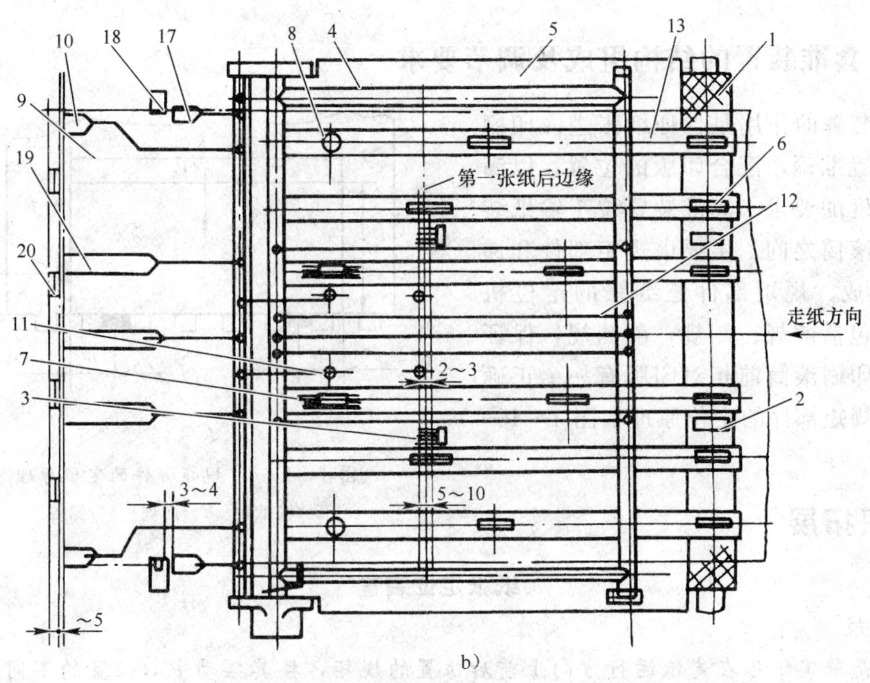

图 1—1—5 输纸部件的结构组成及工作位置

a）主视图 b）俯视图

1—送纸辊 2—压纸轮 3—压纸毛刷 4—压纸框架 5—输纸板 6—压纸滚轮 7—压纸毛刷滚轮 8—压纸球 9—递纸牙台 10—压纸片 11—吸气端 12—杆 13—传送带 14—张紧臂 15—阀体 16—卡板 17—侧规压纸片 18—侧规拉板 19—前压纸片 20—前规

输纸装置的调节要求见表 1—1—10。

表 1—1—10 **输纸装置的调节要求**

名称	调节要求
输纸带	1. 输纸带要在输纸板上对称分布，确保位置合理 2. 输纸带松紧要一致，特别是对称位置更要做到松紧一致 3. 输纸带松紧程度决定着输纸的速度，应根据纸张到达前规的早晚（快、慢）来调节松紧。输纸带越松，输纸越慢，输纸带越紧，输纸越快
压纸轮	1. 压纸轮要对称分布，并压在输纸带上 2. 压纸轮压力要适当，压力越大，输纸越快，压力越小，输纸越慢 3. 在纸张到达前规定位时，前排压纸轮不应压住纸张拖梢边
压纸毛刷	1. 压纸毛刷的位置要对称分布 2. 压纸毛刷压力要适当，保证纸张贴着输纸板前行 3. 压纸毛刷压力越大，输纸越慢，压力越小，输纸越快
压纸毛刷轮	1. 压纸毛刷轮的位置要对称分布 2. 压纸毛刷轮要压在输纸带上 3. 压纸毛刷轮压力要适当，压力越大，输纸越快，压力越小，输纸越慢 4. 在纸张到达前规定位时，压纸毛刷轮应刚好抵住纸张拖梢边

四、套准装置的结构组成及调节要求

套准装置的作用是保证纸张进入印刷滚筒时位置准确，配合印版的位置，以满足套印精度的要求。套准装置位于输纸装置和印刷滚筒之间，主要由规矩部件和递纸装置组成。规矩部件是纸张的定位机构，一般包括前规、侧规、前挡规，保证纸张进入印刷滚筒前相对印版有一个正确的位置。规矩部件的定位原理如图 1—1—6 所示。

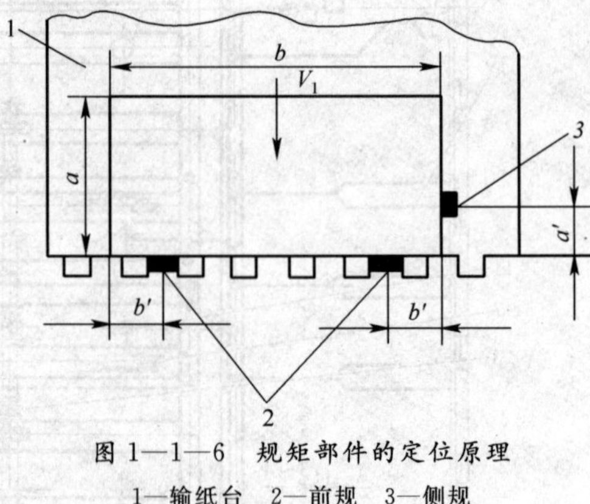

图 1—1—6　规矩部件的定位原理

1—输纸台　2—前规　3—侧规

知识拓展

纸张定位装置

1. 前规

前规是确定纸张在走纸运行方向上前后位置的规矩，按其摆动中心位置的不同，主要有上置式和下置式两种。上置式前规的摆动中心在输纸板台的上部位置，下置式前规的摆动中心在输纸板台的下部位置。这两种前规的工作性能对比见表 1—1—11。

表 1—1—11　上置式前规和下置式前规的工作性能对比

类别	工作性能	结构示意图
上置式前规	1. 压印滚筒上最大纸张的包角较小时采用 2. 对印刷用纸的长度有限制 3. 调整比较方便 4. 对部件的稳定性要求高，不能有较大的振动 5. 纸张从前规定位板下通过，不需设专门的导向装置	a)
下置式前规	1. 压印滚筒上最大纸张的包角较大时采用 2. 对纸张长度基本无限制 3. 调整不方便 4. 使用中与输纸板接触的稳定性较好 5. 应设有导向装置，以防止脱纸	b) a）上置式前规　b）下置式前规 1—定位板　2—电牙接触片　3—输纸板

2. 侧规

侧规是确定纸张在印刷滚筒轴向上位置的规矩，主要有拉条式、滚轮式、气动式三种形式。这三种侧规的工作性能对比见表 1—1—12。

表 1—1—12 拉条式、滚轮式、气动式侧规的工作性能对比

类别	定位原理	工作性能	结构示意图
拉条式侧规	靠拉纸球与拉纸条之间的接触摩擦力将纸张侧向拉动，实现定位	1. 可选择不同的拉纸速度 2. 开始拉纸时与纸面的相对速度较低 3. 对同一规格的纸张，拉纸位置一定 4. 对拉纸条容易产生局部磨损 5. 拉纸定位精度容易受制造误差的影响	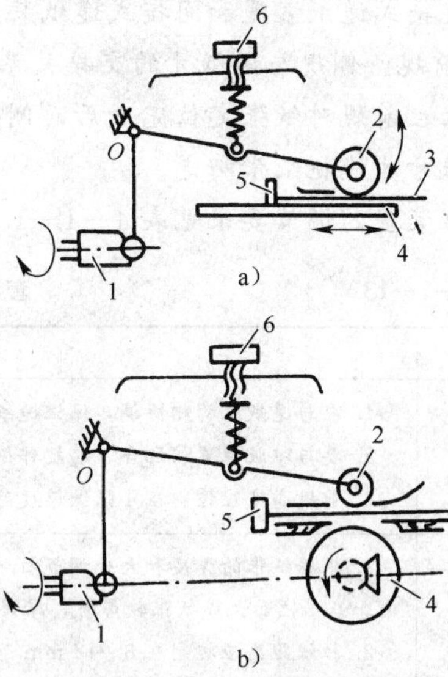 a） b） a）拉条式侧规 b）滚轮式侧规 1—端面凸轮 2—拉纸球 3—纸张 4—拉纸条或拉纸轮 5—定位板 6—调整螺钉
滚轮式侧规	依靠拉纸球和拉纸轮之间产生的接触摩擦力将纸张侧向拉动，实现定位	1. 拉纸速度一定 2. 与纸面的相对速度较高 3. 因拉纸轮连续旋转，不会产生局部磨损 4. 定位精度受制造误差的影响较小	
气动式侧规	依靠气体吸住纸张产生侧向运动定位。当吸气板与吸气气路接通后便吸住纸，然后滑块向左滑动，使纸张与定位板接触，完成纸张侧向定位	1. 纸张在输纸板上与吸气板的接触面积较大，能在平服的状态下靠近侧规定位面，不会产生反弹现象，可靠性高 2. 定位过程中，纸张表面不与任何机件接触，不会损伤纸张表面 3. 采用气动传动，提高了运动的平衡性 4. 对纸张质量要求高，纸毛、灰尘进入吸气孔后易发生故障，影响定位精度	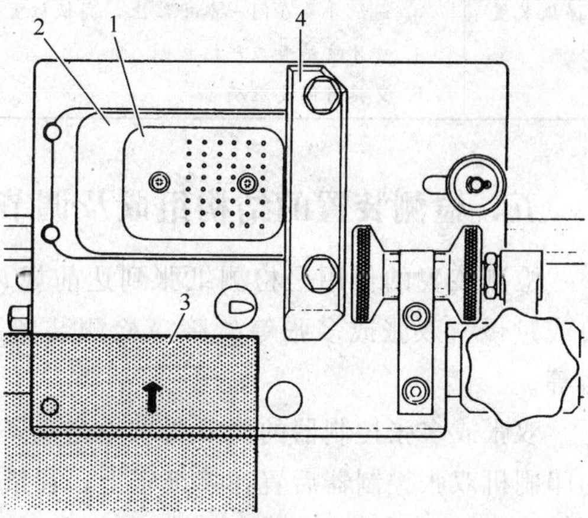 气动式侧规 1—吸气板 2—滑板 3—纸张 4—定位板

3. 前挡规

前挡规是对纸张进行纵向预定位的机构。前挡规设在输纸板下方，通过左右运动实现其对纸张进行纵向预定位的功能，并引导纸张在减速的条件下向左运动，将纸张送至前规处进行定位。

4. 递纸装置

递纸装置是把经过前规、侧规定位的纸张准确、平稳地传递给压印滚筒的机构。递纸装

置的运动精度、递纸速度及稳定性等对印刷机的工作性能影响很大。递纸机构把定位后的纸张交给压印滚筒要在瞬间完成，其精度要求非常高。递纸装置根据其运动特点和递纸方式不同分为直接式递纸装置和间接式递纸装置（摆动式、滚筒式、超越式）。

5. 前规、侧规与递纸牙的交接关系调节

要求在前规对纸张定位完成后，侧规才开始拉纸。对于递纸牙来说，只有侧规压纸板抬起，递纸牙才能把纸张叼走。

套准装置的调节要求见表 1—1—13。

表 1—1—13　　套准装置的调节要求

名称	调节要求
前规	1. 应与递纸机构相协调，保证递纸机构左、中、右咬牙咬纸量一致 2. 要与印版位置相配合，前规作微调，实现套印准确 3. 前规高度应控制在 4 张纸厚度范围内，若纸张太厚，则控制在 2～3 张范围内即可
侧规	1. 根据纸张的厚度和大小调节拉纸球与拉纸条、拉纸球与拉纸轮的摩擦力，以及吸气气路的风量大小。纸张幅面大或纸张较厚时，摩擦力和风量应相应增加，反之亦然 2. 拉纸距离应控制在 8～12 mm 范围内 3. 压纸板下面与输纸板间的间隙以所印纸张厚度 3～5 倍为宜
递纸装置	1. 根据递纸装置的递纸方式不同进行适当调整 2. 先调节递纸机构与压印滚筒的交接，再调节与前、侧规的交接 3. 递纸牙要在同一水平线上，高低位置相同，咬力相等 4. 咬牙咬纸量应严格控制 5. 交接时间要准确

五、检测装置的结构组成及调节要求

检测装置的作用是检测纸张到达前规、侧规定位时的状态，避免产生歪斜、折角、过快或过慢、双张或多张等故障。检测装置一般包括双张或多张控制器、歪张或空张控制器等。

双张或多张控制器的调节要求是当双张纸重叠进入定位位置时，立即发出停机指令。有的印刷机双张控制器后置在接纸辊上，在纸张刚进入输纸板台时即进行监控。双张控制器一般有机械式、光电式和超声波式三种。此外，超声波双张控制器必须和机械双张控制器同时使用。它的调节需要进行单张纸采样，利用延时电路使标记脉冲与第一张纸的底波重合，记住单张纸的底波位置，胶印机就能正常印刷，直到出现双张或多张，才会停车或作出相应的动作。由于这种设备可靠性较高，目前已被广泛采用。

歪张或空张控制器的调节要求是检测纸张的纵向与横向位置是否准确，安装在前规与侧规的定位处。

六、收纸装置的结构组成及调节要求

收纸装置是指在印刷机上收集单张印张并将其整齐地堆积在收纸台上的系统。收纸装置是决定印刷机速度的重要因素，它与输纸装置和印刷装置良好配合才能取得较高的生产效率。该装置主要包括收纸滚筒、收纸咬纸牙、收纸链条与链条导轨、齐纸机构、收纸台升降装置、喷粉装置等（见图 1—1—7）。收纸装置调节要求见表 1—1—14。

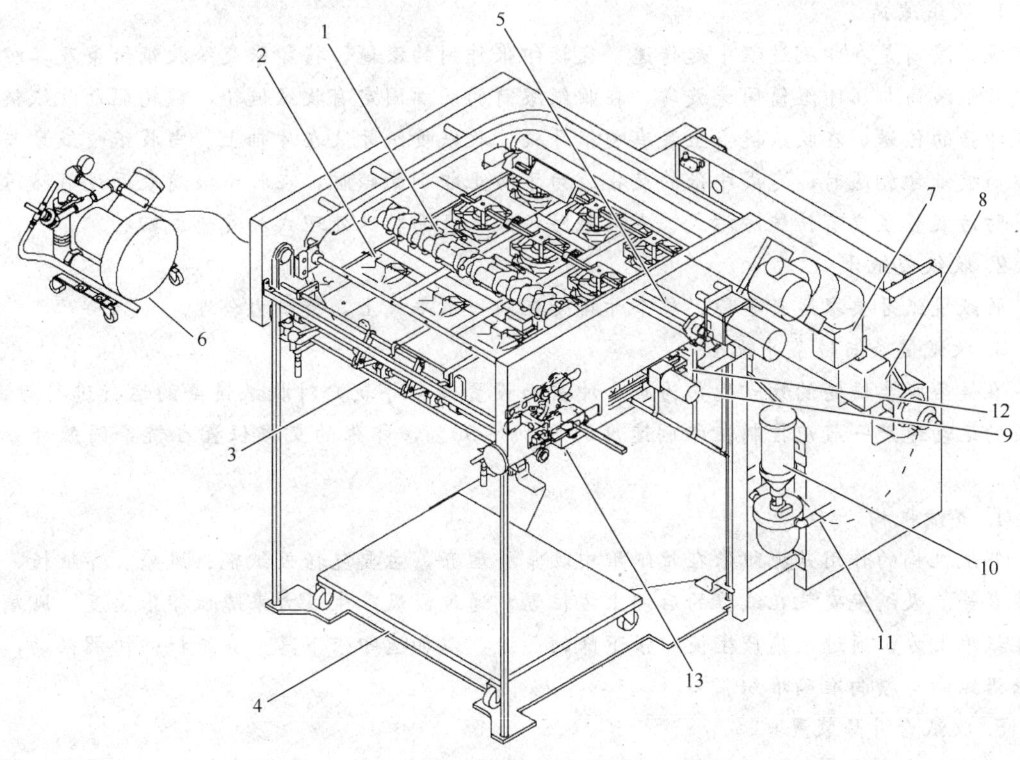

图 1—1—7 收纸部件的结构组成及工作位置

1—链式咬纸牙 2—风扇 3—下料装置 4—收纸台升降装置 5—纸张引导 6—环形鼓风机 7—收纸链条加油装置 8—除静电装置 9—真空吸引轮 10—喷粉装置 11—纸张防翘装置 12—后部齐纸装置 13—齐纸装置

表 1—1—14 **收纸装置的调节要求**

名称	调节要求
收纸滚筒	收纸滚筒应运动平稳（轮毂与轴连接紧密，不能松动）
收纸咬纸牙	咬纸牙必须在同一水平线上，咬纸宽度适当，咬牙松紧一致，咬力合理
收纸链条与链条导轨	收纸链条松紧一致，不能过松或过紧，否则纸张运行不平稳，易破损
齐纸机构	1. 齐纸板动作协调 2. 吸纸辊风量适当，表面整洁 3. 风扇风力适当
收纸台升降装置	升降装置的升降范围在齐纸板的有效范围内，反应灵敏，升降自如
喷粉装置	在喷粉时必须选择合适粉剂，严格控制喷粉用量

知识拓展

收纸装置

1. 收纸滚筒

收纸滚筒是在印刷过程中起传递、交换印张作用的滚筒，将印张交给收纸链条及其咬纸牙。收纸滚筒与压印滚筒同速旋转。在收纸滚筒的两端固定有收纸链轮，链轮驱动收纸链条实现印张的传送。在收纸链条上装有咬纸牙轴，收纸咬纸牙装在牙轴上。当收纸咬纸牙与压印滚筒咬纸牙相遇时，完成印张的交接。为了防止印刷面蹭脏，在收纸滚筒表面设有防污装置。防污装置主要有传统防污式、点接触防污式、表面特殊处理式和气垫式四种。

2. 收纸咬纸牙

收纸咬纸牙要求运行平稳，整个牙排处在同一水平线上，咬纸力合理。

3. 收纸链条与链条导轨

在链条脱离链轮的切点处，为减小冲击而设置链条导轨，对收纸链条的运行进行导向。链条的运动速度一般应控制在印刷速度的 80%～90%，印张的交接位置在链条圆弧部分的中间。

4. 齐纸机构

齐纸机构的作用是把印张在收纸堆中收集并理齐，主要包括吸纸辊、风扇、齐纸板、升降装置等。吸纸辊安装在纸堆的后部上方位置，通过吸风产生吸力来降低印张速度。风扇安装在纸堆上方，通过风扇产生使印张下降的气流，以加速印张下落。齐纸板的协调摆动，使印张沿纵向与横向准确堆积。

5. 收纸台升降装置

收纸台升降装置通过光电式（或机械式）传感器来检测收纸堆的高度，控制印张的落差，协调齐纸板的工作，准确控制收纸台的下降。

6. 喷粉装置

喷粉装置是为了避免印张背面蹭脏故障而在收纸系统中设置的附属装置，将粉末喷撒在印张的印刷面上。根据形式不同，喷粉有空气喷粉、静电喷粉和液体喷粉三种。

七、输纸试运行调节要求

1. 胶印机输纸试运行程序

虽然胶印机种类繁多，控制面板也各不相同，但其开关机运行的程序基本相同。胶印机的常见开关机程序见表 1—1—15。表中带“*”的步骤是输纸试运行时执行的开关机程序。

表 1—1—15　　胶印机的常见开关机程序

项目	步骤	操作按键（杆或手柄）	操作说明
开机程序	1*	电源开关	打开电源开关，设备通电
	2*	电铃	按“电铃”通知操作人员机器即将启动
	3*	正点、反点	“正点、反点”几次，观察机器有无异常

续表

项目	步骤	操作按键（杆或手柄）	操作说明
开机程序	4*	运转	按“运转”使机器低速空转
	5	传墨	手动传墨，使油墨传出墨斗，串墨、匀墨
	6	落下着水辊	手动落下着水辊，对印版上水
	7	落下着墨辊	手动落下着墨辊，对印版上墨
	8*	进纸（输纸器开）	按“进纸”或“输纸器开”键，使飞达各部件开动，纸堆自动上升
	9*	气泵开	按“气泵开”打开气路，开始走纸
	10*	合压	当纸张走至规矩位置时，按“合压”键，滚筒合压低速印刷
	11*	定速	确认印刷正常时，按“定速”键使机器以指定的速度印刷
关机程序	12*	气泵关	正常停机先按“气泵关”，不再继续输纸，最后一张压印完成后机器自动离压，同时转为低速运转
	13*	停车（停锁）	最后一张纸到达收纸台时按“停车”键，机器停止转动
	14	抬起水辊	手动抬起水辊，如不再工作，可清洗机器，断开电源，结束印刷
	紧急*	停车（停锁）	遇到紧急情况，需要停机时，必须立刻按“停车”键

知识拓展

胶印机控制面板

一般胶印机都有几个控制面板：位于输纸台侧面的主控面板、每色组侧面或正面墙板、输纸装置止面墙板、收纸台正面或侧面墙板上的副控制面板。胶印机控制面板的主要控制按钮见表1—1—16。

表1—1—16　　胶印机控制面板的主要控制按钮

名称	主要控制按钮	图例（J2108型胶印机）
主控面板	停车、电铃、正点、反点、运转、定速、进纸、合压、给纸开、给纸停、气泵开关等按钮。不同印刷机也有选用压印、喷粉、油泵、调速、急上水、空张控制、大小纸选择、多个机器状态指示灯、电压表、计数器、速度显示等按钮或灯表	停车 定速 反点 进纸 给纸开 大纸 小纸 通 断 收纸气泵 电铃 运转 正点 合压 给纸停 空张控制 通 断 给纸气泵

续表

名称	主要控制按钮		图例（J2108 型胶印机）
副控制面板	色组操作面板	停车、电铃、正点、反点、低速、水开、墨开、水停、墨停、给纸停等	墨开 墨停 水开 水停 给纸停；停车 电铃 低速 正点 反点
	收纸操作面板	停车、电铃、主板升、主板降、正点、反点、副板出、计数等	通 断 收纸气泵 主板升 主板降 副板出 通 断 计数开关；停车 电铃 正点 反点 给纸停

2. 输纸试运行调节要求

（1）开机前要认真检查是否有零件、工具、杂物等遗漏在机内，防护罩是否关闭，以避免重大事故发生。

（2）开机前先按“电铃”。严格按开关机程序执行操作。

（3）输纸试运行中，能静态调节机器的部件，就必须静态调节。调节时一定要按下“停车”键，锁定机器。

（4）输纸试运行中，当对部件进行动态调节时，必须严格执行胶印机安全操作条例。遇情况紧急，立即“停车”。

（5）调节机器时，应按照先“静态”后“动态”的顺序执行操作。

任务实施

根据任务单要求及胶印机上各机构的调节要求，按照表 1—1—17 所示工作流程和操作步骤，在单张纸单色连续式输纸的胶印机上，完成对开 80 g/m² 胶版纸的输纸调节任务，并开机自动、准确、平稳地输纸 30 张。

表 1—1—17　　单张纸单色连续式输纸的胶印机输纸调节工作流程

步骤	操作项目		操作说明
1	胶印机开机准备	胶印机开机前安全检查	对胶印机各部分进行安全检查，并进行归零操作，排除安全隐患
		胶印机开关机试运行	熟悉输纸调节时的开关机试运行操作程序
2	分离装置调节	调整侧挡纸板位置（调整纸堆位置）	依据纸张横向尺寸数值，将侧规边的侧挡纸板移至印刷标尺（固定在前挡纸板上）上相应刻度的数字处，并固定螺钉；对纸堆的左、右位置进行相应的调节
		调整后挡纸板位置（调整纸堆位置）	对纸堆的前、后位置进行相应的调节
		调整前挡纸牙位置	调整前挡纸牙处于竖立挡纸位置，再升输纸台调整纸堆的高、低位置，并用楔子对纸堆前段表面的平整度进行相应的调整
		调整压纸吹嘴位置	粗调压纸吹嘴在纸堆上的位置，使其处于纸堆的中心线上
		调整松纸吹嘴位置	粗调
		调整分纸平毛刷位置	粗调
		调整分纸斜毛刷位置	粗调
		调整送纸吸嘴位置	粗调送纸吸嘴在纸堆上的位置，使其处于纸堆的中心线上
		调整分纸吸嘴位置	粗调
3	输纸装置调节	调整输纸带张紧度	按调节要求标准测试调整
		调整压纸轮	按调节要求标准测试调整。注意在调整前压纸轮时，要先开机将前规点动到定位工作位置后，再将一张本次印刷用纸放在输纸板前端，纸的咬口边抵住前规，此时前压纸轮的位置应在距离压住纸的拖梢边 1 mm 的地方
		调整压纸毛刷轮	按调节要求标准测试调整。注意压纸毛刷轮要与前压纸轮同时调整，调整后的压纸毛刷轮应刚好抵住纸的拖梢边，防止纸张在前规定位时回弹
		调整压纸毛刷	按调节要求标准测试调整
4	套准装置调节	调整前规	按调节要求标准测试调整
		调整侧规	按调节要求标准测试调整。注意侧规横向位置粗调时，先要依据纸张横向尺寸数值，将侧规横向定位的标线对准印刷标尺上相应刻度的数字处（此处的刻度数值一般是纸张横向尺寸数值加 5 mm），并固定
		调整递纸装置	按调节要求标准测试调整

续表

步骤	操作项目		操作说明
5	检测装置调节	双张控制器设置	机械控制双张的调节标准是根据印刷用纸的纵向尺寸确定的，一般为“2 张过，3 张不过”。其调节步骤是： 1. 拧松固定螺母 2. 旋动螺钉，抬高探测轮 3. 放入用本次印刷用纸制作的测试用小纸块，并旋动螺钉调节探测轮高度至压住纸张，按照本机输纸控制双张调节标准的要求，进行探测轮下落至最低点与送纸轴间间隙的精确调整 4. 用慢速自动输纸来检测输纸时双张控制器调节的准确性 5. 锁紧固定螺母
		歪张或空张控制器设置	按调节要求标准测试调整
6	收纸装置调节	收纸滚筒调整	按调节要求标准测试调整
		收纸咬纸牙调整	按调节要求标准测试调整
		收纸链条与链条导轨调整	按调节要求标准测试调整
		齐纸机构调整	按调节要求标准测试调整。注意齐纸机构调整时，应先将收纸台升到上限接纸高度，再将一张本次印刷用纸居中放在收纸台上，使纸的咬口边抵住前齐纸挡规，纸的拖梢边距后推纸规 5 mm，纸的两侧边距侧拢纸推规 5 mm
		升降装置调整	按调节要求标准测试调整
		喷粉装置调整	按调节要求标准测试调整
7	输纸试运行调节	分离装置动态微调	主要对压纸吹嘴、松纸吹嘴、分纸平毛刷、分纸斜毛刷、送纸吸嘴、分纸吸嘴的交接配合运动状态进行动态位置微调，并用楔子对纸堆后段表面的平整度进行相应的调整
		输纸装置动态微调	主要对摆动压纸轮、压纸轮、压纸毛刷、压纸毛刷轮的压力进行动态微调，确保输纸平稳
		套准装置动态微调	主要对侧规拉纸定位进行动态微调
		检测装置动态微调	对双张控制器、歪张或空张控制器的灵敏度进行动态检测
		收纸装置动态微调	主要配合收纸咬纸排牙开牙凸轮的放纸时间调节，对齐纸机构进行动态位置微调
		高速输纸试运行检测	对高速输纸的连续性和平稳性进行动态检测，并自动、准确、平稳地完成输纸 30 张

技能训练

1. 在单张纸单色连续式输纸的对开胶印机上，参照本任务的工作流程和操作方式及标准，完成四开 60 g/m^{2}胶版纸的输纸调节任务，并开机自动、准确、平稳地输纸 30 张。

2. 机械控制双张的调节标准是根据印刷用纸的纵向尺寸确定的，一般为“2 张过，3 张不过”。但当印刷用纸的纵向尺寸超过一定的范围，其双张的调节标准就会是“3 张过，4 张不过”。试通过实操在胶印机上进行验证。

思考练习题

1. 输纸系统的组成及功能是什么？
2. 简述纸张分离装置的组成及调节要求。
3. 简述一般胶印机开机操作步骤。
4. 套准装置主要由哪些部件组成？
5. 双张控制器有哪几种？如何调节机械双张控制器？
6. 侧规主要有哪几种？比较其工作性能。
7. 简述收纸系统的组成及调节要求。

任务 3 输纸故障分析

学习目标

了解单张纸胶印机常见输纸故障产生的原因，掌握单张纸胶印机常见输纸故障的排除方法；能对单张纸胶印机输纸常见故障进行分析、排除操作。

在胶印生产过程中，印刷故障往往从两个方面表现出来．一是印刷过程不能正常进行，二是印刷质量不合要求。在日常印刷生产中，输纸故障是较常见的一类故障，且随时可能发生。发现输纸故障并及时排除是一项重要的能力，它贯穿在印刷生产的全过程中。如果操作人员不掌握输纸故障的规律，不能发现输纸故障并排除，便不能保证印刷作业的顺利开展。

任务引入

在单张纸单色连续式输纸的胶印机上，逐一分析并排除在印刷输纸中遇到的纸张起褶、纸张撕口、纸张静电、双张或多张、空张、歪张、输纸不稳定、纸张早到或晚到等故障，使印刷输纸过程自动、平稳、准确。

任务分析

纸张起褶、纸张撕口、纸张静电、双张或多张、空张、歪张、输纸不稳定、纸张早到或晚到等故障是在日常印刷生产中较常见的输纸故障。处理该类故障的工作流程是：

观察故障表现特征→分析故障原因→确定故障的解决方案→排除故障

相关知识

一、纸张起褶故障

由于纸张表面处于非水平状态，因而纸张在印刷时受到压力作用，在纸面上形成弯曲或不规则的折叠痕迹，即形成纸张起褶故障，如图 1—1—8 所示。纸张起褶是胶印过程中的常见故障之一，多见于定量小于 128 g/m^2 的铜版纸、胶版纸，它将严重影响印刷套准。可以说，凡印张上出现纸张起褶故障，均被视为不合格产品。

图 1—1—8　纸张起褶故障样张

通过分析样张上褶皱的部位和形状可以找到形成褶皱的原因。一般地说，由于设备原因引起的褶皱，起皱的位置通常是固定的，而由于纸张原因引起的褶皱，起皱位置通常不固定。

二、纸张撕口故障

纸张撕口故障就是纸张表面某部位被撕破，它既影响收纸整齐，又影响下一色的套准精度，它产生的原因是相互运动部件之间出现了干涉。

三、纸张静电故障

天气干燥时，纸张在输送过程中，因摩擦产生的静电积聚，常常导致纸张静电故障。纸张产生静电后，能深深地吸住与其紧贴的纸张，造成输纸歪斜、断张、多张、与定位机构的相对位置时快时慢（而输纸线带运行是正常的）等输纸故障和文字边缘产生方向不定的毛刺的滋墨现象。

四、双张或多张故障

对于目前广泛采用的气动式连续重叠式给纸，发生双张或多张故障时，轻则损失工时或轧坏橡皮布，重则损坏机器部件，造成滚筒跳动，应尽量防止此类故障的发生。

五、空张故障

发生空张故障时，若机器未能检测出，则本该转移到纸张上的油墨就会转移到压印滚筒上，从而导致接下来的十几张纸出现背面有印迹的现象，造成废品。

六、歪张故障

歪张是指输纸歪斜，歪张将导致规矩不能给纸张进行正常定位而停机，浪费工时。输纸歪斜时，可以从输纸板上观察到运行的纸张边缘之间呈锯齿状。

七、输纸不稳定故障

输纸不稳定是指输纸速度不均匀，时快时慢。输纸快了，纸张会窜入前规挡板下；输纸慢了，纸张又走不到位。两种情况都会导致套印不准，使产品报废。

八、纸张晚到或早到故障

纸张在侧规开始定位时仍未到达前规定位线称为纸张晚到，而纸张早到则指输纸机的输纸时间和前规下落时间配合不当，使纸张超前于前规定位时间到达前规定位线。不管纸张是早到还是晚到，都将使规矩无法实现对纸张的正常定位，从而引起套印不准。

知识拓展

纸张的变形规律

平版胶印印刷中有水的参与，因此，纸张每印一次吸收0.1%～0.3%的水分。一根干燥的纤维，完全湿润后，其直径可以增加30%，而长度方向可以增加1%～2%。纸张伸缩变形的基本规律可用20个字概括：热胀冷缩，湿胀干缩，湿大于温，伸大于缩，横大于直。

1. 热胀冷缩

热胀冷缩首先是指纸纤维具有材料通常具有的物理属性，同时指印刷生产环境下较高的温度往往具有较高的相对湿度，较低的温度具有较低的相对湿度，空气的湿度随温度变化而变化，使纸张发生一定方向的水分交换。

2. 湿胀干缩

湿胀干缩指纸张在湿度高的空气中会伸长，在湿度低的空气中会缩短，这取决于纸张和空气湿度的关系。纸张含水量少时，相对干燥，就要从较湿的空气中吸收水分而伸张变形；纸张含水量高时，相对潮湿，就会向较干的空气中释放水分而收缩变形。

当相对湿度一定时，纸张含水量与温度成反比关系，温度变化3℃，纸张含水量变化0.1%。当温度一定时，纸张含水量与相对湿度成正比关系。相对湿度变化1%，纸张含水量变化0.1%。印刷过程中纸张含水量变化若能控制在0.1%以下，则套印过程就能基本稳定。一般将印刷环境温湿度控制在温度为（23±3）℃、相对湿度为60%左右的范围内，可使生产趋于稳定。

3. 湿大于温

湿大于温指湿度引起纸张的变形明显高于温度引起的变形。湿度和温度变化并不完全同步，它可因不同的环境而产生差异。

4. 伸大于缩

伸大于缩指纸张的伸长变形率大于收缩变形率。纸张的伸缩变形属于塑性变形，其纤维间隔容纳的水分一般不会完全失去，失去水分后变形幅度不会完全恢复。同时，纸张吸收空气中水分比放出水分快。假如同一类型纸张分别放在高湿度和低湿度的地方，然后放回一处湿度适中的地方。其中湿度低的纸张以较快的速度吸收水分，而另一纸张则会以较慢的速度放出水分。当然，对相当长时间而言，两者都会趋于与相对湿度保持平衡。

5. 横大于直

横大于直是指纸张纤维的横向变形大于直向变形。这里不是指纸张的丝缕方向。纸张的丝缕方向是按分切后的单张纸确定的。纸张的长边与纤维同方向的称为直丝纸（亦称直丝缕），短边与纤维同方向的称横丝纸（亦称横丝缕）。其中纤维方向即造纸时的抄纸方向（如图 1—1—9 所示）。纸张吸水后，横向伸长大，纵向伸长小，纸张纤维的横向伸长率为纵向伸长率的 2～8 倍。

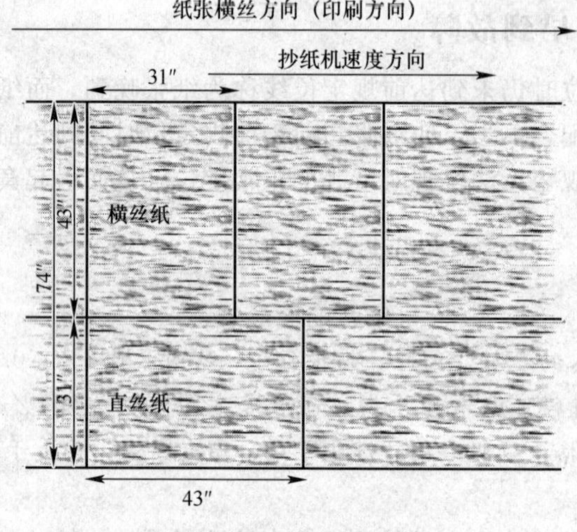

图 1—1—9　纸张的丝缕

纸张的变形以横丝方向明显，直丝方向变形量较小。印刷时沿滚筒轴向图文尺寸稳定，不能改变，而滚筒径向的图文尺寸可以通过滚筒包衬的变化作适当改变。因此，用纸张横丝方向适应滚筒径向印刷作为一项重要工艺措施，可以克服因纸张伸缩引起的套印不准。

任务实施

一、观察故障表现特征

观察纸张起褶、纸张撕口、纸张静电、双张或多张、空张、歪张、输纸不稳定、纸张早到或晚到等故障的表现特征。

二、分析故障原因

1. 纸张起褶故障的原因（见表 1—1—18）

表 1—1—18　　纸张起褶故障的原因

故障类型	故障原因	故障图示
印张咬口边产生褶皱	牙垫高低不平	咬口 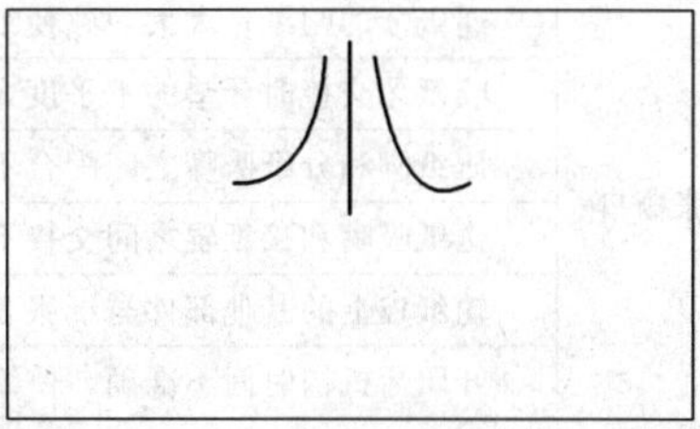
	纸角处于咬纸牙半牙位置	
	压印滚筒上有过厚堆积物	
	纸张纤维排列方向以直丝缕为周向	
印张中间产生褶皱	纸张发生紧边变形	咬口 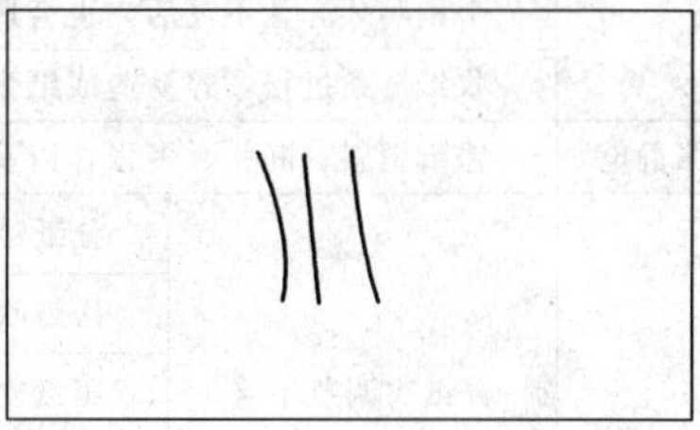
	纸张交接不当	
印张拖梢边产生褶皱	纸张发生荷叶边变形	咬口 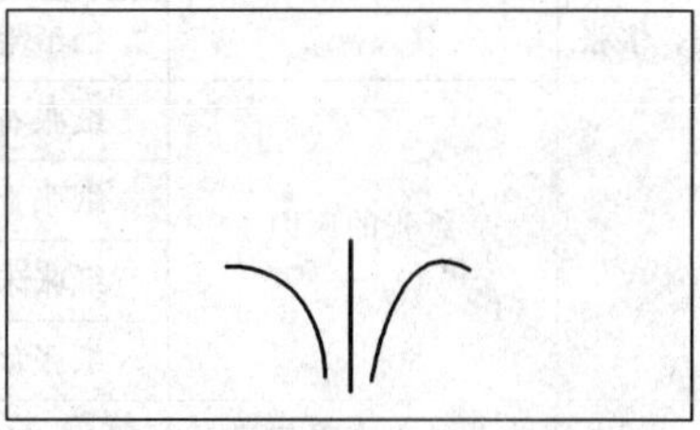
	输纸轮压力不匀	
	压印滚筒咬纸牙的咬合力不等	
印张敲纸痕迹处产生褶皱	敲纸痕迹过深、过密	咬口 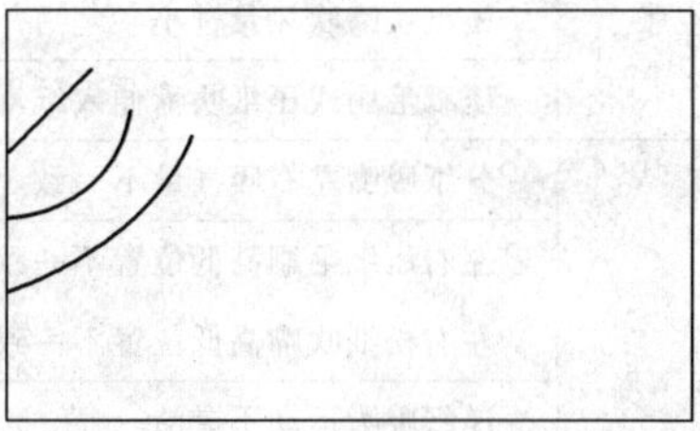
印张咬口伸向拖梢的枝状纹褶皱	纸张含水量过大	咬口 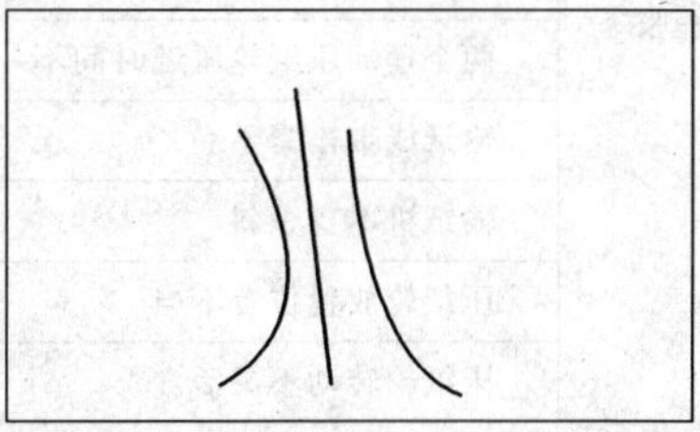

2. 其他输纸故障的原因（见表1—1—19）

表1—1—19　　其他输纸故障的原因

故障类型	故障原因	
纸张撕口	递纸牙叼纸离开输纸板时，侧规抬起太晚，造成侧规处的纸张被撕破	
	递纸牙叼纸离开输纸板时，前规落下太晚	
	递纸牙和前传纸滚筒之间的交接不合适	
	递纸牙的叼纸量太大，致使纸张在交接过程中，咬口处的纸张不能在平面内完成交接，从而撕破纸张	
	咬纸牙交接时牙垫的不平度太大，使纸张个别部位出现波浪形并被撕裂	
	压纸脚和分纸吸嘴之间配合不合适	
	送纸吸嘴和接纸辊之间交接不合适	
	输纸板上的其他部件与纸张表面形成相互干涉，使纸张表面撕破	
	开闭牙机构时间不准确，使纸张没能在理想状态下交接	
	纸张在收纸部位与其他部件形成相互干涉	
	个别叼牙开牙不灵活，也会造成纸张撕口	
	收纸链条过松，容易造成纸张撕口	
纸张静电	输纸歪斜、断张、多张，以及滋墨现象	
双张、多张	分纸头调节不当	分纸吸嘴吸气量太大
		松纸吹嘴吹风量太大
		压纸吹嘴压纸量太小
		递纸吸嘴吸气量太大
		挡纸毛刷位置太高
	纸张的原因	纸张有静电
		纸张上的油墨未干
		纸张未闯齐
		纸张裁切误差太大
空张	分纸吸嘴吸气量太小	
	松纸吹嘴吹风量过小	
	压纸毛刷或压纸吹嘴伸入纸堆过多	
歪张	分纸吸嘴左右吸气量不一致	
	左右压纸毛刷高低位置不一致	
	左右松纸吹嘴高低位置不一致	
	递纸吸嘴运动不灵活	
	挡纸牙不在同一平面或工作时间不对	
	两个摆动压纸轮压纸时间不一致	
	输纸线带松紧不一	
	输纸机本身歪斜	
	压纸轮放置位置不当	
	压纸轮转动不灵活	

续表

<table>
<tr><th>故障类型</th><th colspan="2">故障原因</th></tr>
<tr><td rowspan="9">输纸不稳定</td><td colspan="2">送纸吸嘴进纸到位后仍有余吸</td></tr>
<tr><td rowspan="8">线带造成的输纸不稳定</td><td>线带太松</td></tr>
<tr><td>线带张紧轮运转不良</td></tr>
<tr><td>输纸板对线带产生阻力</td></tr>
<tr><td>线带厚度不均</td></tr>
<tr><td>输纸压轮径向跳动（不圆）</td></tr>
<tr><td>输纸部件的各运转机件间隙太大</td></tr>
<tr><td>离合器积存纸毛或油污过多</td></tr>
<tr><td>输纸带被动辊里面的轴承损坏，出现时转时不转现象</td></tr>
<tr><td rowspan="8">纸张早到或晚到</td><td colspan="2">给纸机的输纸时间和前规的下落时间配合不当</td></tr>
<tr><td colspan="2">纸堆高度低于前挡纸牙允许高度，送出的纸张被挡住，造成纸张晚到</td></tr>
<tr><td colspan="2">纸堆过高，甚至高过了前挡纸牙的顶端，造成纸张早到</td></tr>
<tr><td colspan="2">摆动压纸轮下落时间晚</td></tr>
<tr><td colspan="2">摆动压纸轮磨损严重</td></tr>
<tr><td colspan="2">输纸装置的送纸时间过晚（相对于摆动压纸轮而言）</td></tr>
<tr><td colspan="2">线带张紧力小或压纸轮压力过小，造成纸张晚到</td></tr>
<tr><td colspan="2">线带张紧力大或压纸轮压力过大，造成纸张早到</td></tr>
</table>

三、确定故障的解决方案

1. 纸张起褶故障的解决方案

纸张起褶故障的解决方案见表 1—1—20。

表 1—1—20　纸张起褶故障的解决方案

故障类型	工作对象	解决方案
印张咬口边产生褶皱	牙垫	调节牙排咬力和牙垫高度，使之咬力均匀
	纸角位置	调整纸堆位置，使纸角避开咬纸牙半牙处
	压印滚筒	清洗压印滚筒上过厚的堆积物
	纸张	重新裁纸，将纸张纤维排列方向改为以横丝缕为周向
印张中间产生褶皱	纸张紧边变形	纸张发生紧边变形时，要进行晾纸处理 纸张开包后所处的环境（温湿度）应和印刷环境相一致。半成品应妥善保管，最好能用塑料布罩上
	纸张交接	调整纸张交接位置和时间

续表

故障类型	故障原因	解决方案
印张拖梢边产生褶皱	纸张荷叶边变形	纸张发生荷叶边变形时，要进行晾纸处理 纸张开包后所处的环境（温湿度）应和印刷环境相一致。半成品应妥善保管，最好能用塑料布罩上
	输纸轮压力	调整输纸轮压力使其均匀
	压印滚筒咬纸牙	调整压印滚筒咬纸牙和牙垫
印张敲纸痕迹处产生褶皱	敲纸痕迹	反向敲纸，尽量抚平过深、过密的敲纸痕迹
印张咬口伸向拖梢的枝状纹褶皱	纸张含水量	纸张含水量过大时，要进行晾纸处理

2. 其他输纸故障的解决方案

纸张撕口、纸张静电、双张或多张、空张、歪张、输纸不稳定、纸张早到或晚到等故障的解决方案见表1—1—21。

表1—1—21　　其他输纸故障的解决方案

故障类型	工作对象		解决方案
纸张撕口	侧规		调整侧规下面的凸轮，使侧规提前抬起
	前规		调节前规凸轮使其提前落下
	递纸牙和前传纸滚筒		重新调节，使它们在同一速度下运作
	递纸牙		在允许的情况下，应尽量减少叼纸量
	咬纸牙牙垫		调节咬纸牙牙垫的平整度
	压纸脚和分纸吸嘴		重新调节
	送纸吸嘴和接纸辊		重新调节，使它们在同一速度下运作
	输纸板上的其他部件和纸张		调整相互干涉部件
	开闭牙机构		重新调整开闭牙机构
	纸张和收纸部位		排除相互干涉部件
	个别叼牙		重新调节该叼牙
	收纸链条		重新张紧链条
纸张静电	纸张		控制好工作环境的温、湿度，使用静电消除器消除纸上的静电，或者使输纸板处于良好的接地状态
双张、多张	分纸头	分纸吸嘴	相应调小分纸吸嘴吸气量
		松纸吹嘴	相应调小松纸吹嘴吹风量
		压纸吹嘴	相应调大压纸吹嘴压纸量
		递纸吸嘴	相应调小递纸吸嘴吸气量
		挡纸毛刷	相应调低挡纸毛刷位置

续表

故障类型	工作对象		解决方案
双张、多张	纸张的原因	纸张有静电	同“纸张静电”故障的解决方案
		纸张上的油墨	待纸张上的油墨八成干时再印
		纸张未闯齐	整理纸堆，闯齐纸张
		纸张裁切误差	重新裁切纸张，使其误差小于 1 mm
空张	分纸吸嘴		相应调大分纸吸嘴吸气量
	松纸吹嘴		相应调大松纸吹嘴吹风量
	压纸毛刷或压纸吹嘴		相应调小压纸毛刷或压纸吹嘴伸入纸堆量
歪张	分纸吸嘴		相应调整分纸吸嘴左右吸气量，使其一致
	压纸毛刷		相应调整左右压纸毛刷高低位置，使其一致
	松纸吹嘴		相应调整左右松纸吹嘴高低位置，使其一致
	递纸吸嘴		相应调整递纸吸嘴，使其运动灵活
	挡纸牙		相应调整挡纸牙使其在同一平面或调准工作时间
	摆动压纸轮压纸时间		相应调整两个摆动压纸轮压纸时间，使其一致
	输纸线带		相应调整输纸线带松紧，使其一致
	输纸机		对输纸机本身水平度进行调整
	压纸轮		相应调整压纸轮放置位置
	压纸轮转动		相应调整压纸轮，使其转动灵活
输纸不稳定	送纸吸嘴前后运动凸轮		调整送纸吸嘴前后运动凸轮，使手动检查时，吸嘴送纸距极限位置尚有 10 mm 左右就放纸，这样就不会产生余吸，堵塞吸气活塞的风槽
	线带	线带	相应调紧线带
		线带张紧轮	相应调整线带张紧轮，使其运转灵活
		输纸板、线带	相应调整输纸板，减小其对线带产生的阻力
		线带厚度	及时更换线带
		输纸压轮	及时更换输纸压轮
		输纸部件的各运转机件间隙	相应减小输纸部件各运转机件的间隙
		离合器	及时清除离合器积存纸毛或油污
		输纸带被动辊里面的轴承	及时更换
纸张早到或晚到	给纸机和前规		可以先松开链轮上的三个紧固螺钉，然后转动输纸手轮，将纸张调到合适的位置，再上紧三个螺钉即可
	纸堆高度过低		可适当升高纸堆或插楔子来升高纸堆上表面高度
	纸堆高度过高		可降低纸堆整体高度
	摆动压纸轮		应使摆动压纸轮在送纸吸嘴送出纸张，将要停止吸气但尚未停止吸气时刚好下落压纸，压力以停机时能够感受到一定的拉力即可
	摆动压纸轮		及时更换摆动压纸轮

续表

故障类型	工作对象	解决方案
纸张早到或晚到	输纸装置	可以在摆动压纸轮下摆时间正确的前提下，依据其下摆时间调节飞达的传动时间
	线带或压纸轮	将线带张紧到合适程度，或适当调节压纸轮的压力
	线带或压纸轮	将线带张紧到合适程度，或适当调节压纸轮的压力

四、排除故障

依据故障解决方案中给出的故障原因进行排除故障操作。

技能训练

在单张纸连续式输纸的对开胶印机上，完成对开纸更换成四开纸的输纸调节训练，并参照本任务中所学习的故障分析排除方法和程序，解决完成任务过程中遇到的故障，使输纸过程自动、平稳、准确。

思考练习题

1. 胶印机进行单张纸单色连续式输纸时，常见的输纸故障有哪些？
2. 纸张在印前裁切时，为什么要判断纤维的丝缕方向？
3. 纸张的变形规律是什么？
4. 常见的输纸故障类型及其特征表现有哪些？
5. 常见输纸故障的一般解决方案是什么？

项目二　印版更换与版位校正

学习目标

了解平版印版版面选择性吸附原理，了解印版质量检测的内容，熟悉印版的安装程序及要求，掌握印版保护的内容，掌握印版版位校正的程序及要求；会检测印版质量，会进行换版操作和印版版位校正操作。

印版更换与版位校正（拆、装、校版）是操作胶印机的一项最基本的技术，是掌控胶印机的关键。印版更换与版位校正的快慢、规范性和准确性将直接影响印刷生产效率、印刷品的质量和印版的耐印率。因此，从事胶印工作必须掌握印版更换与版位校正技术，并能分析、排除印版装校中的常见故障。

依据平版胶印机的版夹设计结构特点，可将胶印机的上版方法分为四种：挂夹法、插夹法、弯边法和挂钉法。单色胶印机一般采用插夹法上版。

任务引入

在采用插夹法换版的胶印机（J2108 型）上，完成印版更换及版位校正的工作，并印出版面图文位置准确的印样。

任务分析

印版更换及版位校正任务包括了从印版准备到按要求用新印版印出版面图文位置准确的印样的全过程操作。本次任务要求在采用插夹法换版的胶印机（如 J2108 型）上完成，其具体的工作流程是：

印版准备→拆印版→装印版→版位校正→试印刷打样

相关知识

一、印版准备

1. 平版印版版面选择性吸附原理

印版是用于传递油墨至承印物上的印刷图文载体。印版上吸附油墨的部分为印刷部分（又称图文部分），不吸附油墨的部分为空白部分（又称非图文部分）。选用适当的材料，并经适当的处理，使版面图文部分亲油抗水，非图文部分亲水抗油，这就是平版印刷赖以存在的理论基础之一：平版印版版面选择性吸附原理。

2. 平版印版的保护

PS 版是当前胶印机上使用的主要印刷版材。平版胶印的印版制成后，印版表面具有了图文部分亲油疏水性能，而空白部分具有较好的吸附力，先吸附水即能形成亲水疏油性能。

但是，这个状态是随时都可能发生变化的。印版表面在静态下会有变化，在动态下就更会发生变化。印版不但受客观环境条件的影响，还会受其他部件和材料的影响。平版胶印印版的保护就是选择性吸附的保持，就是避免和减少印版以及其他部件吸附性能的变化。在日常印刷生产中，印版保护一般可分为静态保护和动态保护。

（1）印版的静态保护

印版装在机器上，机器停机或者印版在机下时，处于静止状态时采取的保护措施，称为静态保护。印版静态保护的原则是版面涂擦亲水胶体，并保持印版干燥。印版在静态保护中应注意：

1）防止氧化。若印版表面没有覆盖保护层，直接暴露在空气中，将会被氧化，生成的氧化物具有亲油感脂性，使印版上脏，损坏印版而降低耐印力。

2）防止潮湿。印版置于潮湿空气中，是加速氧化的主要条件，尤其是电化学腐蚀，能使金属版基受到腐蚀，破坏空白部分，改变亲水疏油性，使版面上脏。

3）防止酸碱侵蚀。锌或铝既能与酸反应，又能与碱反应，印刷中必须严防印版与强酸、强碱接触。

4）防止版面摩擦敲击。印版置放于桌面时，应版面朝上，不能版面朝桌面来回拖动，防止版面擦伤。版面若朝桌面置放时，应铺纸隔开。若两块印版叠放时，两版面相对，应用纸隔开置放。在版面上不能置放过重、过硬物件。

5）防止马蹄印。拿版的方法要得当，不能任意弯曲，避免拿版时造成局部“马蹄印”，使图文损坏。

6）避光保存。有些平版印版的图文基础是未感光的感光胶（如阳图型PS版），曝光后会形成排斥油墨的物质，图文部分就会不上油墨。

（2）印版的动态保护

印版在机器上的运转过程中，为排除或减小外来各因素的干扰所采取的保护印版的措施称为印版的动态保护。

平版印版绝大多数情况下都是在运转压印动态中损坏的，原因有两点：一是印版与橡皮滚筒、墨辊和水辊等，在滚压动态中所形成的速差摩擦；二是酸性润版液的腐蚀作用。针对上述两点，正确装配机器，调节各部件的工作准确性并保护机器的精度是很重要的。通常条件下，印版动态保护必须考虑下列方面：

1）印版与橡皮滚筒、墨辊、水辊等接触滚压时，应尽量使用最小的印刷压力，减少对版面的摩擦。

2）在机器调节过程中，尽量使各滚筒的包衬合理，并使各滚筒间和墨辊、水辊的表面保持线速度相等，减少速差。

3）尽量消除水辊和墨辊的轴向窜动引起的版面磨损。

4）控制版面最小的用水量，保持正常供水。

5）正确掌握水斗中润版液的浓度，并使溶液pH值控制在适当范围内。

6）控制油墨的黏度、流动性和墨层厚度，满足图文剩余墨层对版面的保护作用，并避免铺展。

7）尽量抖掉纸张的浮砂，如砂子较多时，要勤洗橡皮布，防止堆积物研磨印版。

除上述各点之外，还要从机器结构精度调整和工艺方面设法消除滚筒杠子、墨辊杠子和水辊杠子等对印版耐印力的影响。

3. 印版质量检测内容

印版上机之前，要对照印刷工艺单和样张做全面检查，以防止不合格的印版用于印刷，生产出不合格的产品。印版检查应围绕印版内容的正确性、图像质量和印版的整体质量等方面进行。印版质量检测内容见表1—2—1。

表1—2—1　　印版质量检测内容

序号	检测项目		检测内容
1	规格尺寸		被印图文内容的规格尺寸
	图文在印版上所居位置的规格尺寸		中轴线是否居中。如某一色别的图文可能只处于印版的局部位置时，要更加注意
	印版上应留的印刷生产必需的加工位置		印版上应留好印刷生产必需的加工位置。各种规格印刷机的咬口尺寸是不一样的，要检查其是否匹配。还有特殊图文、特殊规格印张需要调整的尺寸等
2	图文内容		对照印刷工艺单和样张检查印刷内容是否正确，同时检查图像、文字等是否有差错或缺损。这些都是基本的检查和核对。需注意的是，图文内容检查还包括监审印刷工艺单和样张未能把握的差错
3	图文质量	文字、符号、线条	这种检查比较简单，只要粗细合乎标准、光洁即可。笔画毛糙、不光洁，自然质量就不高
		图像印迹浓淡	用目测法将单色样张和印版的对应部位进行对比，观察其浓淡是否一致。必要时还可选择几点，用放大镜观察网点大小是否一致。由于油墨在印刷中的铺展和光的双重反射作用，印刷网点必然有一定程度扩大。因此，印版上的网点应略小于单色样张上的网点，不能比样张上网点大。除整体观察外，还可选择重点区域观察。重点区域要选在最深调部位、最浅调部位和图像内容的最重要部位。单色印版最深调部位（非实地部分）能见到小白点不糊，说明深调处能表现丰富层次；最浅调部位小尖点不丢失，说明浅调处有丰富表现力。深调处小白点糊了，说明印版偏深；浅调处小尖点丢失，说明印版太浅。印版图像重要部位的网点与样张一致，印刷后主要部位的色调就能适合要求，印刷品就不会有大的偏差
		网点质量	用10倍或更高倍率的放大镜，检查网点成形情况。有优质的网点，才会有优质的调子再现和优质的色彩再现。印版上的网点要实，边缘要清晰，最好周边光洁。网点边缘虚毛，印刷时吸附油墨的性能就要下降，网点本身还会呈现不稳定状况
4	印刷标记		印刷标记（如下图所示）是为印刷生产、印后加工生产和质量控制所设计的。它们虽然不是正式图文内容，但其重要性不亚于正式图文。这类标记有十字线、色标、角线（外角线、裁切线）、折线、信号条、检测图标和其他印后加工标记（页位置标记、书刊贴标色块、烫钳底色等）

续表

序号	检测项目	检测内容
4	印刷标记	咬口 角线 裁切线 十字线 色标 拖梢 十字线是各色套印时的依据。十字线由横线和竖线组成。横线是径向图文位置套准的依据，称为上下线；竖线是轴向图文位置的套印标准，称为来去线。印版上的十字线，一般设置七个。靠身与朝外部位各有对称的十字线三个，拖梢部位居中设置一个。校版时，以中心十字线为主要套准依据，其余四个十字线作为参考。拖梢十字线除了套准外，还是第一色图文在纸张上正确定位的依据之一，还可用来区别咬口边和拖梢边 在印版四角处各有两条横线与两条竖线交叉而成的规线，统称为角线。离版边近的线是外角线，在外角线内侧并与之平行的线是内角线。外角线是图文第一色在纸张上定位时的测量依据。内角线又称为裁切线或刀线，它是产品完成印后裁切时的刀口位置线，是产品的标准成品尺寸线。角线安置在印版的四角，图文印到纸张上时，四角角线必须印出。内角线的位置设在十字线、色标、信号条等印刷记号的最里面，所以当产品裁切后，所有印刷辅助记号全部被裁去，成为四边光洁的印刷成品 色标是用以鉴别各色版的油墨颜色与付印样是否一致的实地块。每块印版设置色标一块，各色版色标依次排列，设置在印版靠身边（或朝外边）的下方。胶印产品图像部分主要是由网点组成，印刷过程中难以辨别所用油墨的色相是否与付印样一致，实地的色标就成为鉴别的依据。同时，色标还可用来检查印张漏色、双张和倒版等

二、常见印版安装程序

1. 挂夹法上版程序

先用版夹固定咬合印版，再将印版挂在印版滚筒的版夹挂钩上，用周向拉版螺钉调位，并拉紧固定，完成上版的工艺操作。J2101A 型胶印机就是采用挂夹法上版。

2. 插夹法上版程序

先将印版插入固定在印版滚筒上的版夹内，再拧紧固定螺钉，完成固定印版位置的上版操作。J2108 型、J2205 型胶印机就是采用插夹法上版。

3. 弯边法上版程序

按规定尺寸，将上机印版反咬口边和拖梢边压弯成 90°，然后将弯边插入版夹内，固定印版位置。卷筒纸胶印机一般采用弯边法上版。

4. 挂订法上版程序

先将印版按规定的标准位置打孔，再将印版的定位孔挂在滚筒的定位销上，用版卡夹紧，实现印版位置的固定。目前高档多色胶印机都采用挂订法上版。

三、插夹法拆版要求

拆版就是拆下印刷机上旧印版的操作。插夹法拆版操作应注意以下几点：

1. 拆版前要清洗印版表面和橡皮布表面，划线要准确、安全。
2. 拆下的印版要妥善保管，以备再用或补数。
3. 拆下衬垫要放好，备用。
4. 拆版工具要放在规定位置，以免掉进印刷机产生意外。

四、插夹法装版要求

把所需印刷的印版按实际要求准确地固定在胶印机印版滚筒上的过程称为装版操作。印版在安装过程中，会发生弯曲和拉伸两种变形。印版弯曲变形量与印版长度成正比，与滚筒半径成反比，与印版厚度成正比。印版的拉伸变形量与印版的厚度和版材的弹性模量成反比，与印版的长度和所受的拉力成正比。插夹法装版操作应注意以下几点：

1. 装版之前，必须认真检查印版的颜色是否正确，如果是正反面印件，还必须认真核对正反面印版内容是否相符。
2. 整个装版过程应注意不可擦伤印版表面，不能使印版形成折痕。
3. 印版插入版夹中，必须插到位。
4. 版夹紧固螺栓必须一一拧紧，不可遗漏。
5. 印版拉紧时，用力应均匀，不能用力过猛而使印版变形或断裂。
6. 印版衬垫需垫正，而且保证衬垫清洁、平整。
7. 装版时印版要正、平，螺钉位置要正确，衬垫要平服、准确。
8. 装版之后，工具必须放置到规定位置。

五、印版版位校正要求

印版版位校正也称校正印版或校版，是指改变印版图文与纸张的相对位置。版位校正有三种方法。

1. 动规矩

动规矩操作就是调节前规和侧规，改变纸张进入压印滚筒的位置，以配合印版图文位置。前规影响图文纵向位置，侧规影响图文的横向位置。侧规调节范围较大，前规调节范围较小，前规控制着递纸牙咬纸的量，递纸牙咬纸过多或过少，都会造成输纸不畅，直接影响印刷效果。动规矩操作是以动侧规为主，尽可能少动前规。因为前规、侧规的移动反映到输纸板台上，就是纸张在板台上纵向、横向位置的变化。轴向侧规移动涉及今后递纸牙叼纸的两端叼牙位置，调节不当会造成纸张皱褶和套印不准等故障。轴向前规的过多移动会造成纸张歪斜、叼纸太多或太少，导致套印不准。在多色机中，一定要在各色版通过拉版互相套正后，才能用前规、侧规进行微量调节，但应尽量避免采用。

2. 借滚筒

借滚筒操作就是通过改变印版滚筒和橡皮滚筒的相对位置，使印版随印版滚筒作周向移动，改变印版图文在印张上的位置，从而满足套准要求。

3. 串版

串版操作就是通过印版拉版调节机构，对已装夹在印版滚筒上的印版进行斜向（对角线方向）位置校正，达到纠正印版图文与纸张的相对位置歪斜问题，并实现套印准确的目的。串版应注意以下几点：

(1) 认真分析印张，了解印版在周向、轴向的移动量。操作时，首先要正确估算相反方向调节螺钉的松开量，切不可盲目拉动；其次要看两头夹版顶版螺钉是否已松开，以利校正印版。

(2) 印版轴向移动要做到周向配合。

(3) 拉版时用力要均匀，大小要适当，避免不正常的印版拉伸变形。

六、试印刷打样

试印刷打样的目的是通过对比每次调节后打样印张上的印刷图文位置，检测装版质量，判断版位校正的效果。若装版后第一次打样时，印张上印刷图文位置的偏斜程度超出容许值（一般为 2 mm）时，必须重新上版。一般情况下，要求版位校正应在 3～4 次试印刷打样内完成。试印刷打样效果的检测依据是印张上的规矩线应出全，且位置准确。印刷机操作应符合安全操作规程的要求。

任务实施

根据本次任务要求，按照下面步骤在采用插夹法换版的胶印机（如 J2108 型胶印机）上，进行印版更换及版位校正操作，见表 1—2—2。

表 1—2—2　　插夹法换版及版位校正的操作步骤

序号	操作步骤		操作内容及要点
1	印版准备	领取印版	对照印刷工艺单的要求，领取印版，并核对印版名称和数量
		检测印版质量	检查图文在印版上所居位置的规格尺寸，检查印版上应留的印刷生产必需的加工位置，检查图文内容、图文质量和印刷标记
		弯版	将印版的拖梢边插入胶印机弯版槽中弯折版边，以便装版时印版的拖梢边插入拖梢版夹
		避光保存印版	使用印版时应避免含有蓝紫光成分的光线直接照射版面
2	拆印版	准备专用工具	胶印机插夹法拆装印版有专业工具，如双头扳手、套筒、扳手、直尺、铅笔刻针等
		划线	为了提高插夹法上版工作的效率，拆版前要在新旧印版上划线，这样在装版时通过对新印版上划线与旧印版拆下前在滚筒上划线位置进行重合对线的操作方法提高装版速度和准确度

续表

序号	操作步骤		操作内容及要点
2	拆印版	拆印版	打开停车按钮，按下点动按钮，将滚筒转至版夹出来位置，用套筒扳手从左到右依次逐个松开版夹螺栓，将拖梢端的印版用双头扳手从版夹中抽出，用左手反点动机器，并用右手拿住印版拖梢端和印版衬垫，注意滚筒转动方向，使印版随之逐渐离开滚筒壳体，直至咬口，从咬口版夹上将印版拆下。插夹式装版印版滚筒版夹结构如下图所示 
3	装印版	查印版划线	核查印版是否在相应的位置上划装版位置标记线
		松版夹	松版夹归零位。在没有划线的情况下，把咬口和拖梢的版夹分别居中
		咬口边插印版	印版咬口边插入咬口的版夹中，对准所划的横、纵向线
		紧固咬口边版夹	逐个紧固版夹螺钉（由中央向两侧端逐一紧固螺钉）
		垫入印版衬垫	垫入衬垫，点动机器，使印版与衬垫一起包覆在滚筒表面至拖梢
		印版拖梢边插版夹并紧固	把印版拖梢边插入版夹中，并紧固拖梢的版夹螺钉（由中央向两侧端逐一紧固螺钉）
		拉版	拉紧拖梢和咬口的拉版螺钉，使印版紧包在印版滚筒上
		装版质检	点车一周，检查印版包紧和螺钉紧固程度
4	版位校正	规矩预调节	校版前使前规复位至它与递纸叼牙交接关系所要求的位置，侧规调节螺钉调至适中位置。在多色机中，可在遥控台上将轴向、周向版位微调调节按钮按下，使调节量回至零的位置，以便在以后校版时能有足够的调节量
		确定校版方法	分析装版后的第一次打样印张。首先应检查纸张两边中心校版十字线位置，如有一边十字线位置印在校版印样纸外，可调节侧规，使两边十字线都能印在校版纸中。然后看新换印版的十字线与所要求套准的十字线，或定位位置尺寸的相对距离，确定校版方法。若装版后的第一次打样印张上印刷图文位置的偏斜程度超出容许值（一般为 2 mm）时，必须重新上版
		动规矩（印版图文轴向位置的调节）	对于单色机（或多色机第一色组）来说，可以利用侧规对印版图文进行轴向的调节。当偏差量较大时，移动整个侧规进行调节，即松开滑套在轴上套筒座的支顶螺钉，使侧规在轴上移动。当偏差量小时，可调节侧规微量调节螺钉，直到套准为止

续表

序号	操作步骤		操作内容及要点
4	版位校正	动规矩（印版图文轴向位置的调节）	注意：当侧规调节影响纸张输送或递纸时，可借动印版进行调节。松开咬口、拖梢拉版调节螺钉，再松开一头咬口、拖梢版夹两端轴向顶版螺钉，随后等量顶紧另一头轴向顶版螺钉，使印版作平行移动，满足轴向套准要求 印版图文轴向位置的调节如下图所示 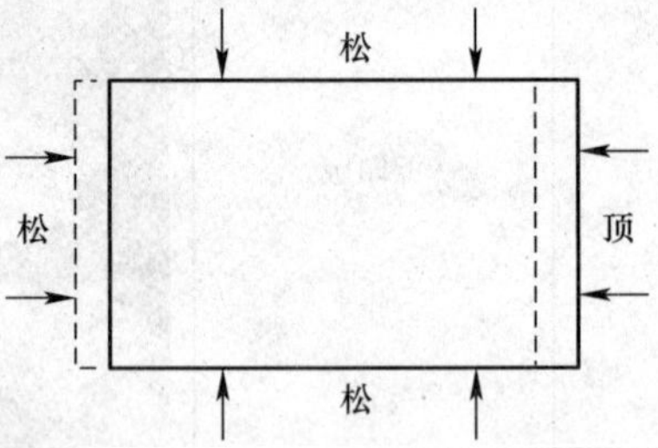 松 松 顶 松
		借滚筒（印版图文周向位置的调节）	借滚筒的原理是改变印版滚筒与其传动齿轮的相对工作位置。松开印版滚筒传动齿轮的固定螺钉，若要咬口尺寸增大，使齿轮顺着印刷时传动方向转动，而印版连同印版滚筒不动，橡皮滚筒相对于印版滚筒向前产生了位移，印张上的图文印迹向后产生了等量的位移。反之，则使咬口尺寸减小。有些机器在印版滚筒中部设了一个专用孔，松开紧固螺钉，用铁棍插入孔中扳动滚筒，同样可以达到借滚筒的目的 印版图文周向位置的调节如下图所示 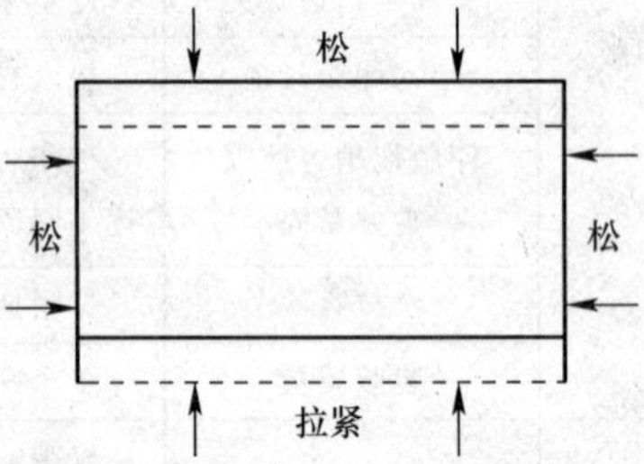 松 松 松 拉紧
		串版（印版图文歪斜的调节）	校版时，有时一侧套准，另一侧需要拉高或拉下。此时如只简单松开印版调节螺钉，作反向拉动，很难使印版移动，应考虑以版面某一点作为基点，作微量旋转。具体的操作是：根据需要拉动印版的距离，依次松开相反方向的印版调节螺钉，松开量根据所要拉动一边的量而定，将版夹顶版螺钉向另一侧顶去。最后根据图文歪斜的拉动方向，拉紧印版调节螺钉，使印版移动 注意：串版拉版时，在松开与拉版方向相反的拉版调节螺钉的同时，也要松开轴向版夹顶版螺钉。根据所需要的调节量，拉动印版调节螺钉使印版作斜向移动。由于印版紧贴滚筒壳体表面，受到正压力的作用，有时很难拉动印版，可利用轴向顶版螺钉略微顶一下，便于拉版操作，在一定范围内可减少印版拉伸变形 印版图文斜向位置的调节如下图所示

续表

序号	操作步骤		操作内容及要点
4	版位校正	串版（印版图文歪斜的调节）	松更少 松少许 多松 推 顶紧
5	试印刷打样		检测每次调节后打样印张上的印刷图文位置，判断装版质量和版位校正的效果，直至在纸上印出版面图文位置准确的印样

技能训练

1. 参照本任务中所给的印版质量检测程序和标准完成对所给的 5 块有缺陷印版的质量检测，并出具质检报告。

2. 参照本任务中所给的程序和标准，在采用插夹法换版的胶印机上，完成印版更换及版位校正操作任务。

思考练习题

1. 胶印机的上版方法有哪几种？
2. 拆版应注意哪些事项？
3. 如何检查印版？
4. 装版的具体步骤是什么？
5. 装版应注意哪些问题？
6. 校正印版有哪几种方法？
7. 如何保护印版？
8. 借滚筒的工作原理是什么？

项目三　水墨平衡管控

平版胶印印版的图文部分与空白部分，由于具有不同的选择性，所以分别吸附了油墨和水。而在图文部分与空白部分的交界处，并没有任何隔离带。油和水在印版图文部分和空白部分的临界处密切接触。实地图像与实地交界处、线条文字与非线条文字交界处、网点与网点外围交界处，均是油与水交替变更的地方。这些地方的油和水基本上处于互相排斥的状态。这就是平版胶印赖以存在的油水不相溶原理。任何事物都不是绝对的，虽然平版胶印中油墨和水在图文部分与空白部分的交界处需要互相排斥，但若在印刷过程中，带有残墨的印版上图文部分的表面也出现油墨和水互相排斥的状态时，就会直接影响着墨辊向印版上图文部分的正常油墨转移，使印刷过程无法进行。为了使平版胶印中的油墨能够实现顺利转移，就必须使平版胶印过程中的印版上图文部分表面的油墨和水处于轻微的油包水型乳化状态，以保障平版胶印的顺利实现。这种使平版胶印中油墨能够顺利转移的过程管控就是平版胶印中的水墨平衡管控。

任务1　水墨平衡调节

学习目标

了解胶印润版液适性控制和胶印油墨适性控制的内容，熟悉胶印机上水、上墨程序及要求，理解胶印中油墨乳化的意义，理解胶印水墨平衡的含义，掌握水墨平衡控制方法；会对胶印润版液和胶印油墨进行适性调节，能在胶印机上完成上水和上墨操作，能对胶印中的水墨平衡进行管控。

任务引入

在单张纸单色对开胶印机上完成上水、上墨操作，并通过适当的水墨平衡管控，印刷出符合印刷品质量要求的印样。

任务分析

胶印中的水墨平衡管控任务包括了从润版液准备到按要求印刷出符合印刷品质量要求的印样的全过程操作。其具体的工作流程是：

润版液准备→上水→油墨准备→上墨→水墨平衡调节→试印刷打样

相关知识

一、胶印润版液适性

1. 润版液的成分

胶印润版液一般由酸性介质（磷酸或磷酸盐）、能降低水表面张力的材料、胶体和水四部分组成。

2. 润版液的功能

人们对润版液功能的了解，开始往往很单一，仅限于和油墨的抗衡。实际上润版液的功能远不止于此，见表1—3—1。

表1—3—1 胶印润版液的功能

功能	原因
在印版的空白部分形成排斥油墨的水膜	这是平版胶印工艺赖以存在的基本条件。正因为润版液有较低的表面张力，才使水在印版空白部分铺展开来。正因为润版液中的电解质与印版金属生成了无机盐，使润版液与空白部分牢牢地结合。正因为这层水膜，才抗拒了图文部分的油墨向空白部分扩张。这样才能得到合格的印刷品图像
增补印刷过程中被破坏的亲水层	印刷时，橡皮滚筒、着水辊、着墨辊对印版产生的摩擦，纸张上脱落的纸粉、纸毛对印版的侵入，同时使印版空白部分受到磨损。每印刷一次，版面的亲水层便被破坏一次。这就需要润版液中的电解质与裸露出来的版基金属再次发生反应，形成新的亲水层，维持版面空白部分的亲水抗油性。铺展—被破坏—再铺展—再被破坏，如此循环往复，直至印刷结束，不断补充和再生亲水层
降低印版表面的温度	胶印机开动以后，墨辊以很高的速度将油墨碾成薄膜，墨辊的温度随之上升，油墨的黏度随温度的上升而下降。油墨的流动性增强，导致油墨铺展性能大幅度提高，将造成严重的网点扩大 润版液的输入会使版面油墨的温度下降，一般下降温度约为油墨上升温度的一半。如果润版液的温度低于室温，油墨温度会降得更多。当然，也不必使润版液的温度过低，以免引起印刷不畅
清洗粘脏	油墨有时会少量地粘染到印版空白部分，如不加清除，过不多久，便会发生糊版故障。这种时候，应停机，用润版液迅速擦洗被污染部分。这是利用润版液的洗净力除脏最常用的方法。一般采用脱脂棉花蘸上淡的润版液进行操作，以免伤害图像部分的油墨。有时因粘脏顽固，也用较浓的润版液原液或加强润版液酸性，但这时动作必须迅速，以免伤及印版

知识拓展

1. 印刷适性

印刷适性就是印刷材料的印刷性能。

2. 润版液

润版液又称为水斗液，是含一定电解质，能在版面生成无机盐，并形成亲水胶体的溶液。润版液能保持印版空白部分长时间亲水疏油。平版胶印的水墨平衡控制要素之一，就是控制润版液。

3. 润版液的作用机理

由无机盐、表面活性剂、胶液等组成的润版液，之所以能起润版作用，是因为它们具有特定的物理或化学性能。这些特性构成了润版液的作用机理。这些作用中，有化学现象，也有物理现象，还有物理化学现象。

首先，由磷酸与印版金属发生化学反应生成无机盐层。无机盐层就好像造房子的基础一样，只有靠无机盐层才能使水在印版空白部分站住脚。此外，胶体（一般为阿拉伯树胶）用于润版液不只是由于它的亲水性，还在于它与润版液中其他成分融合而形成整体型亲水胶体。在形成亲水胶体过程中，它的聚沉作用（胶液微粒聚结成较大颗粒，并发生沉降的现象）促进了润版液的稳定性和润版液占据印版空白部分的牢固性。在润版液中，阿拉伯树胶一方面发生凝胶作用（胶液吸收了感胶离子迅速沉降到版面的过程），牢牢地附着在无机盐层上，另一方面又不断吸附润版液中的水，它是无机盐层和水分的桥梁和纽带。润版液在印版表面的结构如图1—3—1所示，实际上存在2个层面：一个是无机盐层，一个是亲水胶体。

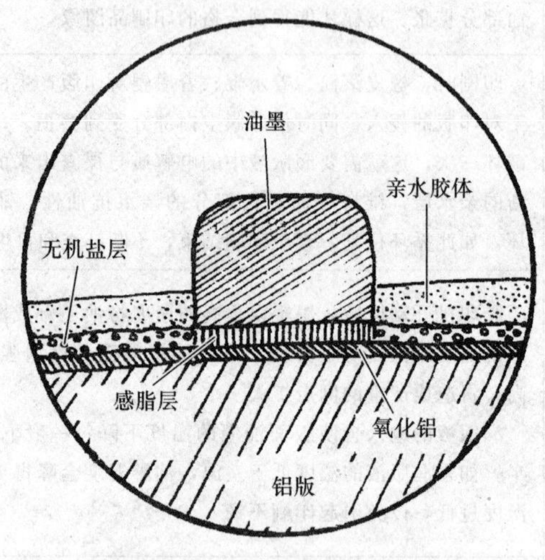

图1—3—1　印版表面实际结构

3. 润版液的类型及特点

润版液一般分为3种类型。一种是以酸性介质为主的传统酸性润版液，即无机盐型润版液；另一种是具有挥发性，能减少水的用量的酒精型润版液；还有一种是以降低水的表面张力为主，使其充分保持铺展性能的非离子表面活性剂型润版液。润版液的类型及特点见表1—3—2。

表1—3—2　润版液的类型及特点

类型	特点
无机盐型润版液	无机盐型润版液是一种传统的酸性润版液，又称普通润版液。这种润版液以磷酸或磷酸盐为主要材料，它能在印版空白部分生成无机盐层，成为水和印版之间的纽带，形成润版液的基础。再配以其他盐类和胶液，成为润版功能稳定的溶液。无机盐型润版液的配方非常多，一般分"红药水"和"白药水"两大类。现在胶印印刷中，无机盐型润版液已基本被非离子表面活性剂型润版液所取代

续表

类型	特点
酒精型润版液	酒精型润版液简称为酒精润版液。研究发现醇类是一种既能降低润版液表面张力，又能限制油墨乳化的材料。在众多溶剂中，醇的表面张力是最低的，有利于提高润版液的铺展性。由于异丙醇的性价比要好于乙醇（酒精），故实际生产中一般以异丙醇替代乙醇 酒精型润版液可以大大减少润版液使用的总量；在印版上起润版作用，离开印版后大部分挥发，很少传到纸张上去；能更好地降低版面温度，减少粘脏故障；减少了油墨过量乳化的可能性；提高了纸张上图像油墨的质量。当然，使空气混浊，对人体有一定影响，是酒精型润版液的致命弱点
非离子表面活性剂型润版液	非离子表面活性剂型润版液一般是把非离子表面活性剂加入含有其他电解质的润版液中配制而成。常用的非离子表面活性剂为2080（聚氧乙烯聚氧丙烯醚）活性剂和6501（烷基醇酰胺）活性剂。它们对降低润版液表面张力的作用优于酒精 相对于无机盐型润版液和酒精型润版液而言，非离子表面活性剂型润版液是最新型的润版液。非离子表面活性剂能迅速降低液体表面张力，而且无毒、无挥发性、无爆炸危险。因此，一般认为非离子表面活性剂比酒精更为理想。若要将润版液表面张力降至 40×10^{-5} N/cm，用酒精时，浓度要25%左右；而用2080活性剂，浓度只要0.1%就可以了。因此，非离子表面活性剂可以使润版液总体用量更少，更加节约生产成本 非离子表面活性剂对油墨的乳化也有一定影响，因此要严格控制非离子表面活性剂浓度。同时，要减少印版供液量，若供液量过大，会加剧油墨的乳化

知识拓展

1. 润版液的配方

（1）无机盐型润版液配方

无机盐型润版液配方见表1—3—3。这种配方中的磷酸属于中强酸，能够清洗空白部分的油脏，使图文清晰。它也能通过与版基反应补充被磨损的空白部分，使空白部分保持良好的亲水能力。磷酸二氢铵作为缓冲剂，可以使润版液的pH值保持稳定。

表1—3—3　　无机盐型润版液的主要成分配比

成分	配量
磷酸（85%）	25 mL
磷酸二氢铵	200 g
硝酸铵	250 g
水	3 000 mL

（2）酒精型润版液配方

酒精型润版液配方见表1—3—4。

表 1—3—4　　酒精型润版液的主要成分配比

成分	配量
磷酸（85%）	220 mL（2%）
乙醇（或异丙醇）	800 mL
阿拉伯树胶	400 mL
水	4000 mL

（3）非离子表面活性剂型润版液配方

非离子表面活性剂型润版液配方见表 1—3—5。

表 1—3—5　　非离子表面活性剂型润版液的成分配比

成分	配量
磷酸（85%）	约 10 mL
磷酸二氢铵	约 80 g
硝酸铵	适量
表面活性剂	按总的润版液用量，用水稀释至低于 0.1%
阿拉伯树胶	适量

2. 润版液的选择

润版液有不同的种类，一般根据不同的成分配制成原液或固体粉末、片剂，使用时以水与之混合至所需要的浓度，即可上机使用。

选择使用润湿液，主要是根据不同的印刷设备、印刷材料和生产条件，合理地选择润版液的种类。几种不同类型润版液的润湿性能比较如图 1—3—2 所示。

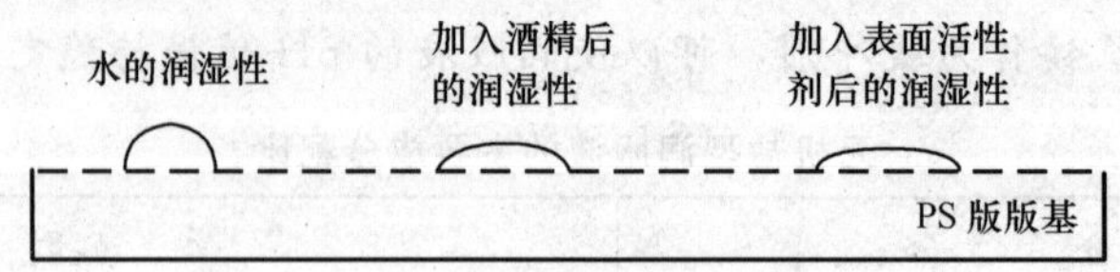

图 1—3—2　润版液润湿性能比较

在润版液中加入酒精或表面活性剂后，可以大大降低用水量，能够更好地润湿印版。在印刷过程中，润版液既能清洗印版，又能稳定和补充空白部分的亲水基础，使空白部分与图文部分达到相对平衡，从而实现油墨良好转移，使生产正常进行。

润版液在使用时，主要是控制其 pH 值，而 pH 值由原液稀释程度（原液的加放量）决定。PS 版使用的润版液以弱酸性为主，pH 值控制在 5～6。一般加放原液要考虑下列因素，见表 1—3—6。

表 1—3—6 添加胶印润版液原液时应考虑的因素

应考虑的因素	原因
油墨的性质	不同类型的油墨，原液的用量是不一样的，通常根据油墨的颜料、油性、流动度、黏度、耐酸性等性质，考虑原液的用量。原液用量一般按品红、黑、青、黄顺序递减，深色墨的润版液原液用量大于浅色墨
印迹的墨层厚度	印迹的墨层厚度增加，在压力的作用下有向空白部分挤铺的倾向，墨层越厚，铺展越严重，影响空白部分的亲水性能，故必须加大润版液原液的用量。因此要遵循“墨层越厚，原液加放量越大，墨层越薄，原液加放量越小”的原则
版面图文情况	印版的版面图文一般由网点、线条、实地块所组成。版面图文不同，原液的加放量也不一样。如果版面全部是网点，原液的用量可适当少一些；如果版面全是实地、线条，原液的用量可适当增加；如果网点、线条、实地比较平均，则原液用量可适度掌握
纸张的性质	原液的加放量根据纸张性质的不同而变化。纸张的性质主要是指纸张的表面强度和酸碱度。质地疏松、易脱粉、拉毛的纸张，由于油墨具有一定的黏度，印刷时易使纸毛堆积在橡皮上，增加对印版的磨损，从而起脏，可以适当增加原液的用量。表面结构紧密而洁白的纸张，原液的加放量可适量减少。酸性大的纸张，原液用量要适当减小；碱性大的纸张，原液用量要适当增加，以保持润版液的 pH 值稳定

此外，在高档胶印机上在使用润版液时，也常用润版液的导电率值来控制原液的用量。胶印机的自动控制系统根据预先设定的导电率自动添加或减少润版液原液的用量。如果导电率降低了，系统便会自动添加润版液原液，反之则加水稀释润版液。

3. 上水操作注意事项

(1) 彻底清洗水斗并保证水斗辊表面清洁。

(2) 下水管尽量不要弯曲，以便水流畅通。

4. 润版液的使用原则

在印版不起脏的前提下，应使用最少的润版液用量，使用浓度尽可能低的溶液，而且溶液的酸度要尽可能小。只有印版空白部分稳定性可能遭受破坏时，才采用增加润版液浓度、增加润版液用量和降低润版液 pH 值的方法。

5. 版面水量的调节

版面水量依靠润湿装置来供应，大小完全取决于润湿装置的工作状态。润湿装置的工作状态是水辊之间、水辊与印版间的接触状态。

6. 水辊接触压力的调节

水辊接触压力是依靠包有水绒套的软质水辊和刚性印版，以及串水辊的挤压变形产生的。变形量的大小决定压力的大小，水辊接触压力要适当。着水辊与印版之间的压力过大，易造成水辊在印版咬口边跳动，运行不平衡，导致印版的磨损，降低印版的耐印力；压力过小，版面水分小，导致干水、脏版的现象。着水辊与串水辊压力不当，会导致供水量不符合要求，影响水墨平衡。串水辊与输水辊、输水辊与斗辊的压力也如此。

7. 水辊接触压力调节顺序

依次调节下着水辊与印版的压力、上着水辊与印版的压力、串水辊与着水辊的压力、输水辊与串水辊的压力，以及输水辊与水斗辊的压力。

8. 着水辊与印版接触压力的检验

检验时，以用手抚摸着水辊有微小的跳动感为宜。如跳动明显，说明压力过小；跳动小，说明压力过大。各水辊之间压力分配如下：

(1) 两根着水辊与印版的压力，上面一根轻，下面一根重。

(2) 两根着水辊与串水辊的压力，上面一根轻，下面一根重。

(3) 着水辊与印版的压力，要略高于串水辊的压力。

(4) 输水辊与串水辊的压力应与着水辊与串水辊的压力相当。

在调节水辊接触压力时，必须保持各水辊与印版平行，以保证整根水辊压力的均匀。

9. 输水辊与水斗辊接触转角的调节

接触转角的大小直接决定供水量的大小。输水量与接触转角成正比关系，转角越大，供水量越大，接触转角越小，供水量越小。

二、胶印油墨适性

1. 胶印油墨的选用

在选用胶印油墨时，应根据油墨的种类及其对应的印刷方式去选择，胶印油墨的分类如图 1—3—3 所示。

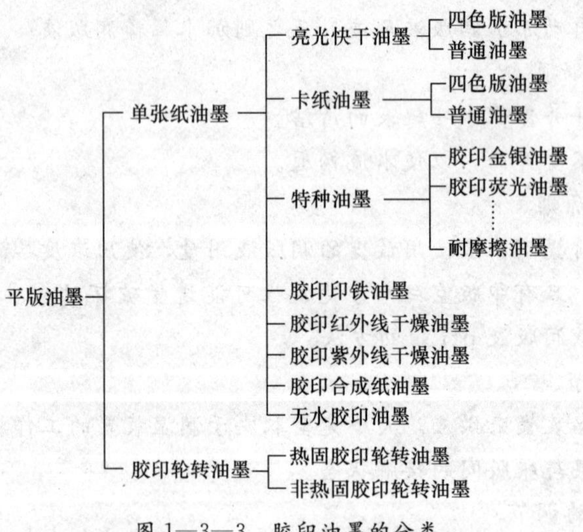

图 1—3—3　胶印油墨的分类

判断胶印油墨好坏的最简单方法是“三高一快”，即高光、高浓度、高印刷适性、快的干燥速度。一般来说，符合这一标准的油墨为好油墨。根据“三高一快”标准判断油墨的好坏，对印刷时正确选择油墨有很大的帮助，印刷时正确选择油墨，印刷品的质量才能得到保证。

2. 胶印油墨的印刷适性

(1) 油墨的黏性

一定的油墨黏性是保证印迹清晰有光泽的重要条件。油墨黏性与环境温度和印刷机的速度有较大的关系，随墨辊运转速度提高而增大，随环境温度升高而减小。油墨的黏性是印刷中的一个重要指标，影响着印刷中油墨的传递性、印刷品的墨层厚度、渗透量和光泽度的大小。油墨的黏性过大或过小都会影响印刷质量。

当油墨黏性过大时，容易造成传墨不良、转印性差、拉纸毛、套印性差等故障；油墨黏性过小时，则容易造成传墨过大、飞墨、网点扩大，油墨乳化、浮脏等故障。

在一定温度下，印刷速度快时，选择的油墨黏性不要太大，反之亦然。

（2）油墨的干燥性

油墨在纸上的干燥过程就是油墨转移到纸张上后，经催干剂的作用适时变成固定状态的过程。

从理论上讲，初干越快越好。但初干过快会影响印刷品的光泽，光泽度高低与固着速度快慢一般是相矛盾的，应该平衡好。印刷一般铜版纸和长版活时，可以选择不结皮油墨，确切地说是慢干油墨；印刷短版活（12 h 左右进行装订的印刷品）或用卡纸印刷时，建议使用快干油墨。

（3）油墨的浓度

油墨浓度大，在印刷中用墨量少，则墨层薄，相对来讲干得快，尤其是印刷大面积实地时，油墨的浓度对印刷质量的影响尤为显著，因为使用高浓度油墨印刷时，印刷品墨层薄，固着速度快，可以减少印刷品粘脏，各色的平衡也容易调整。

3. 调配油墨时的注意事项

（1）调墨时使用白墨而不用稀释剂。

（2）调色时以白墨为主，往白墨中加入适量色墨。

（3）选择色墨要准确，既可以选择原色墨，也可以选择间色墨或复色墨。

4. 上墨操作注意事项

（1）开始上墨时，根据原稿控制起始整体墨量的大小。

（2）局部墨量调节螺钉不能太紧，以防墨斗辊表面被划伤。

三、胶印水墨平衡

1. 胶印水墨平衡的含义

在一定的印刷速度和印刷压力下，调节润版液的供给量，使乳化油墨所含润版液的体积分数为15%～26%，形成轻微的 W/O 型乳化，用最少供液量与印版上的油墨相抗衡。实践证明，印版图文部分的墨膜厚度为 2～3 μm，空白部分的水膜厚度为 0.5～1 μm 时，油墨所含润版液的体积分数为 15%～26%。这就达到了较好的水墨平衡状态。

知识拓展

乳化基本知识

1. 乳化

由 2 种（或 2 种以上）不互溶（或不完全互溶）的液体所形成的分散系称为乳状液。形成乳状液的过程称为乳化，如图 1—3—4 所示。

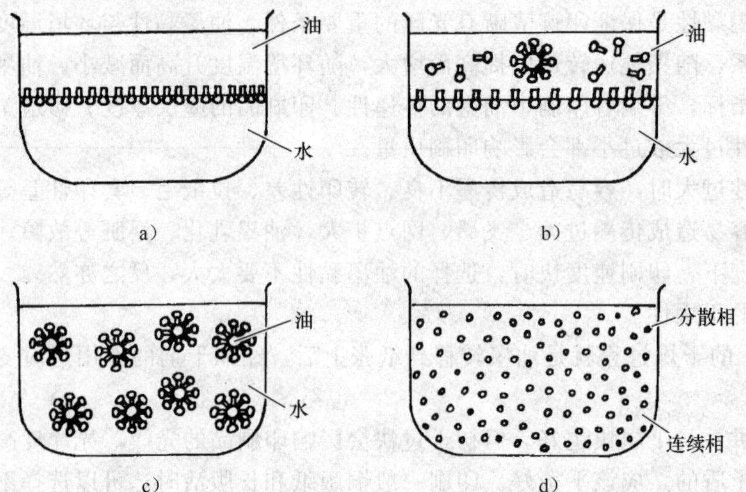

图 1—3—4　乳化过程

乳状液的一相多半是水，用字母“W”表示。另一相多半是有机液体，如苯、苯胺、煤油等，习惯上称油，用字母“O”表示。这两种液体可以是油分散在水中的乳状液，即 O/W（水包油型）；也可以是水分散在油中的乳状液，即 W/O（油包水型）。胶印生产过程中常见的是 W/O 型。其中分母表示连续相，分子表示分散相。

2. 乳化过程

乳化过程一般有 3 个现象发生。首先是降低分界面的界面张力，只有打破了互不相溶的两相液体物质的斥力，其中一相物质的分子才能进入另一相物质之间。然后连续相分子包围分散相分子，形成连续相包围膜和新的颗粒。最后，这些新颗粒间产生摩擦静电，防止分散液滴聚集。这样，乳状液就形成了。

乳化过程与 3 个因素有关，即温度、机械力作用和乳化剂。温度越高，液体分子运动越剧烈，有利于互不相溶液体分子的互相穿插。机械力作用是强制互不溶物质混合的外力。所以，制备化妆品等乳化产品时，很重要的步骤之一就是高速搅拌。乳化剂具有特殊的结构，有利于乳状液的形成和稳定。另外，固体粉末润湿吸附作用，也能促进乳状液的形成。此时，形成的乳状液类型与该粉末对水和油的润湿状况有关。易被油润湿的粉末会形成 W/O 型乳状液；易被水润湿的粉末会形成 O/W 型乳状液。乳状液的类型如图 1—3—5 所示。

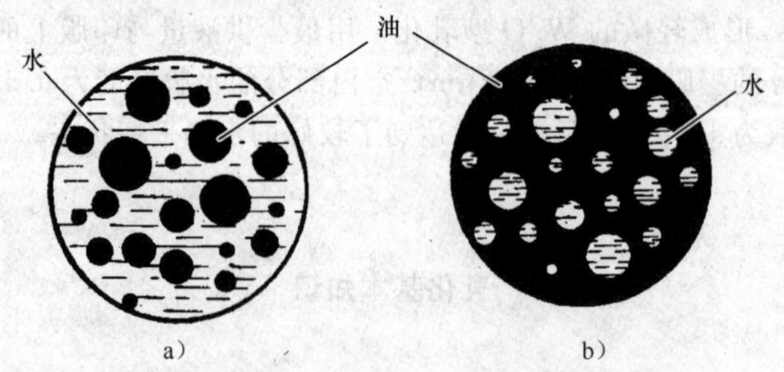

图 1—3—5　乳状液的类型

a）O/W 型　b）W/O 型

2. 胶印中的油墨转移

印刷过程的实质，是油墨经过印刷机的延展成为均匀薄膜，再经传递转印到达纸张等承印物上，成为印刷图像。油墨在转移和传递过程中，将受到印刷机、印版、油墨本身及承印材料等各种因素的影响。因此，进一步分析油墨在各印刷转印面间复杂的传递关系，控制转移量，是保证图像正确复制的重要前提。

(1) 油墨的传递

印刷过程中，印版上的油墨必须稳定而均匀，才能保证印刷品的质量。平版印刷中的墨层厚度控制比较复杂。其印版上的油墨传递与印刷机的性能、精度，以及油墨的流变特性有密切关系。实践证明，如果印版上的墨层厚度增加或减少 0.1 μm，便会使印刷品的密度变化 0.1。印刷中的墨层厚度是由一系列传递过程决定的。现代印刷正朝着高速度、高质量方向发展，为保证印刷品质量，了解并掌握油墨传递规律是十分必要的。

在胶印印刷过程中，油墨的传递路线是从墨斗经匀墨辊、着墨辊到达印版，再经印版转移到承印材料上的。全部行程包括 3 个单位行程，即给墨行程、分配行程和转移行程。给墨行程和分配行程的任务是传递和输送油墨，转移行程的任务是把油墨从印版转移到承印物上。胶印机的油墨传递行程如图 1—3—6 所示。

1) 给墨行程。油墨传递的给墨行程由印刷机的供墨机构来完成。在这个行程中，由于墨斗中的油墨在墨斗辊周围受到相当的切变应力，而远离墨斗辊的油墨仅靠自身的重力流向墨斗辊，因此，堵墨是这个行程中最易发生的故障。解决的方法是在墨斗中装搅拌器或人工搅动墨斗中的油墨，在产品质量允许的前提下，也可适当调稀油墨，增大其流动性，防止堵墨现象发生。

2) 分配行程。分配行程是由印刷机的匀墨机构和着墨机构来完成的。这个行程的功能是将来自传墨辊的油墨充分延展成均匀的薄膜，再经着墨辊传递到印版上。匀墨机构由数根硬质墨辊和软质墨辊相间排列组成，墨辊间相互接触滚动。墨辊间的辗压及硬质墨辊的轴向窜动，保证了油墨在墨辊上径向和轴向分布的均匀性。着墨机构由 3～6 根墨辊组成，印刷时与印版滚压接触，实施供墨。

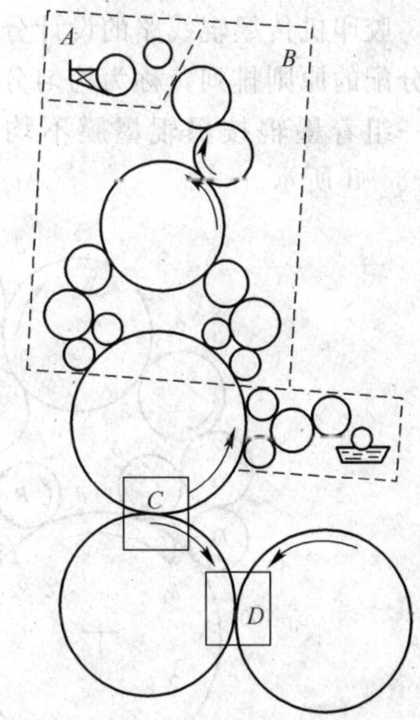

图 1—3—6 胶印机的油墨传递行程
A 为给墨行程，B 为分配行程，
C 和 D 为转移行程

分配行程中可能产生的主要问题是飞墨和墨辊脱墨。飞墨是在墨膜分裂过程中，拉长的墨丝被扯断，游离时带有一定量的电荷不能及时释放，由电荷的相斥作用产生的。飞墨与印刷机速度有关，印刷机速度越快，越容易产生飞墨现象。

墨辊脱墨主要发生在金属窜墨辊上，金属辊表面因润湿性能的改变而产生疏墨亲水性，使墨膜不能很好地吸附而脱墨。目前，大多数硬质窜墨辊采用亲油性较强的高分子塑料辊，基本上克服了脱墨现象。

3) 转移行程。油墨转移行程是印刷过程中的基本行程，也是印刷过程中的最后行程。在印刷的瞬间，印版或橡皮布上的油墨分裂成两个部分，一部分油墨残留在印版或橡皮布上，另一部分油墨附着在纸张或其他承印物表面，经固着、干燥，完成了油墨转移的全过程。与给墨行程和分配行程相比，油墨的转移行程中发生的故障复杂得多。

油墨在承印物表面附着、固着的过程，是一个十分复杂的过程。它与许多变化因素相互交错、相互影响，如印刷材料（油墨、纸张等）的性能、印刷机的类型及规格（指滚筒曲率）、印刷速度和压力、印刷条件（车间温度）等。

油墨的分裂与印刷设备、印刷条件，以及印刷材料的适性都有关，其中印刷设备的影响非常明显。油墨在承印物表面固着的过程，则主要受印刷材料适性的影响。

油墨从墨斗中输出以后，便进入印刷机的分配行程。分配行程的油墨传递，是由许多墨辊组成的辊群来完成的，其中包括硬质的金属窜辊、软质的橡胶匀辊和着墨辊。窜墨辊在运转时可做 2.5～3 mm 的轴向窜动。这样便保证了油墨在墨辊表面径向和轴向分布的均匀性。

实验证明：在适当的印刷压力下，当墨辊间的油墨分离处于稳定状态时，任何墨辊间的油墨分裂率近似于 1。即油墨通过墨辊间隙后，分配在每根墨辊上的墨层厚度相同，为通过辊隙前全部墨膜厚度的一半。这也称为油墨中间断裂论。

(2) 墨膜的分配

在印刷机输墨系统的墨辊组中，不同位置的墨辊，其墨膜的厚度是不同的。墨辊所处状态不同也会引起墨膜厚度的不同。墨辊上墨膜厚度分布的一般规律是：输墨装置中各墨辊上的墨层厚度以一定百分比出现，最后，传墨辊上的墨膜越靠近着墨辊越薄。

一般的胶印机上有 4 根着墨辊，它们在输墨装置中将分别由不同传墨辊线路得到油墨。墨辊的排列方式不同，着墨辊上的着墨率也不同。

胶印机传墨辊线路的设计分两种形式：一种是传墨辊线路中的一组着墨辊按墨辊墨膜均匀分配的原则排列，称为均匀分配法墨辊排列，如图 1—3—7 所示；另一种是传墨辊线路中的一组着墨辊按墨辊墨膜不均匀分配的原则排列，称为非均匀分配法墨辊排列，如图 1—3—8 所示。

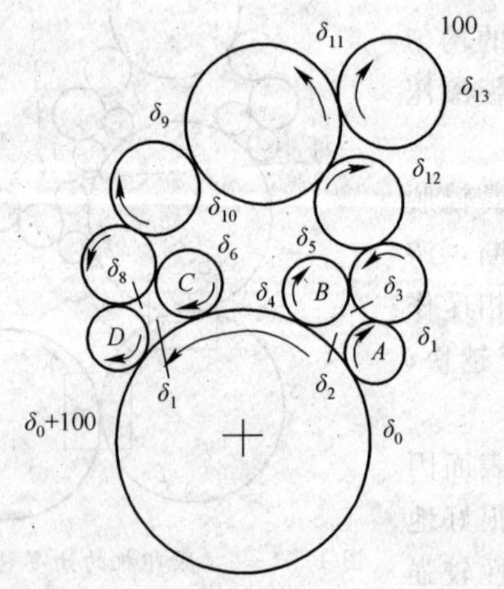

图 1—3—7　墨膜均匀分配的墨辊排列

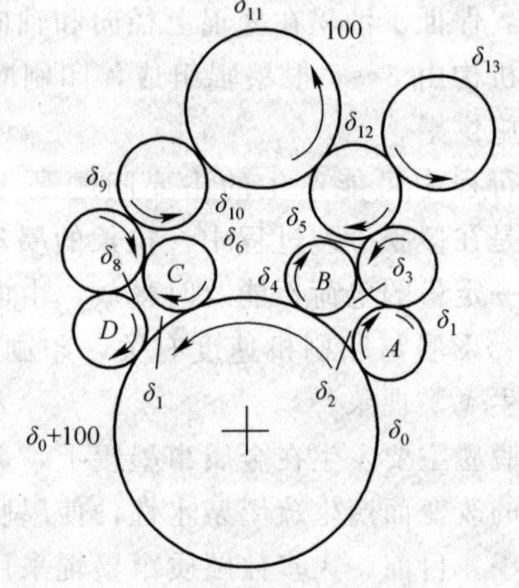

图 1—3—8　墨膜非均匀分配的墨辊排列

均匀分配法墨辊排列形式的特点是：4 根靠版着墨辊上的墨膜厚度是相同的，在给印版图文部分上墨时，根据油墨中间断裂论可计算得出：其后 2 根靠版着墨辊的作用是在前 2 根靠版着墨辊给印版图文部分上墨后，再一次给印版图文部分上墨，使印版图文部分的墨膜增厚。这种上墨方式起不到最后匀墨作用，印版上容易出现油墨的条痕，导致墨层不均匀，因此已逐渐被现代胶印机设计淘汰。

非均匀分配法墨辊排列形式的特点是：4 根靠版着墨辊上的墨膜厚度是不同的。在给印版图文部分上墨时，以图 1—3—8 中的设计方案为例，根据油墨中间断裂论可计算得出：其前 2 根靠版着墨辊主要以供墨为主，它们传递给印版的油墨量占总传墨量的 84%，称为靠版传墨辊；后 2 根靠版着墨辊以匀墨为主，传给印版的油墨量占总传墨量的 16%，称为靠版收墨辊。为了使印版表面着墨均匀，非均匀分配法墨辊排列形式中让先接触印版的着墨辊供给主要的墨量，后接触的着墨辊将墨打匀，起到收墨作用，可以提供较少的墨量。目前国内外印刷机都采用非均匀分配法墨辊排列。

在此需要特别说明的是：输墨装置中墨辊上的墨层厚度，依照墨辊顺序出现的增减变化，只有在传递油墨进行正常印刷的状态下才会出现。在非印刷状态下（滚筒离压时），印版后面没有出路，油墨只在墨辊之间巡回。这时，附着在墨辊上的油墨将重新分配，各墨辊间的墨膜不是以一定的百分比出现，而是每根墨辊上具有同样的墨层厚度。这样，着墨辊上的墨层就比正常印刷状态的墨层厚。在印刷机空滚之后，重新合压印刷时，印版上得到的墨量就多，超过正常需要量。因此，开印后前面若干张印刷品墨色过深，往往造成废品。所以，要保证批量印刷品的质量，印刷中途应尽量减少停机次数，使输墨系统始终维持最佳油墨分裂状态。即使因故不得不停机，重新开印时，应备有足够的吃墨纸，让前若干张由吃墨纸承印，之后才输入正式印刷用纸，从而保证印刷品的质量。

3. 胶印机水墨传递过程中的乳化

胶印机合压后，按其运转顺序，印版的各部分均先接触水辊，后接触墨辊。这时发生了 4 种传递过程，见表 1—3—7。

表 1—3—7　　胶印机的水墨传递过程中的乳化

胶印中水墨传递过程	示意图	是否发生乳化
印版空白部分与着水辊接触	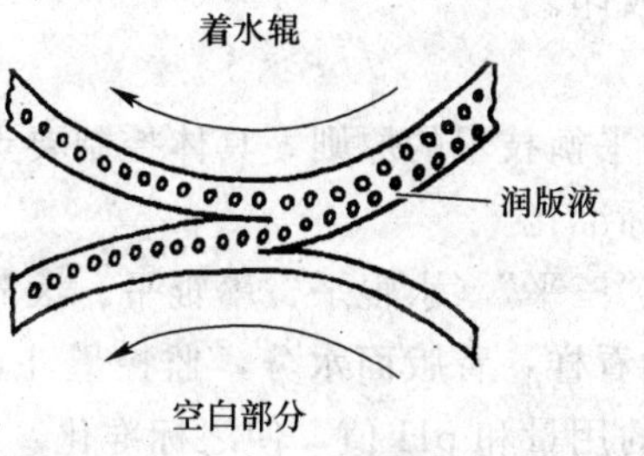 着水辊 润版液 空白部分	否

续表

胶印中水墨传递过程	示意图	是否发生乳化
印版图文部分与着水辊接触	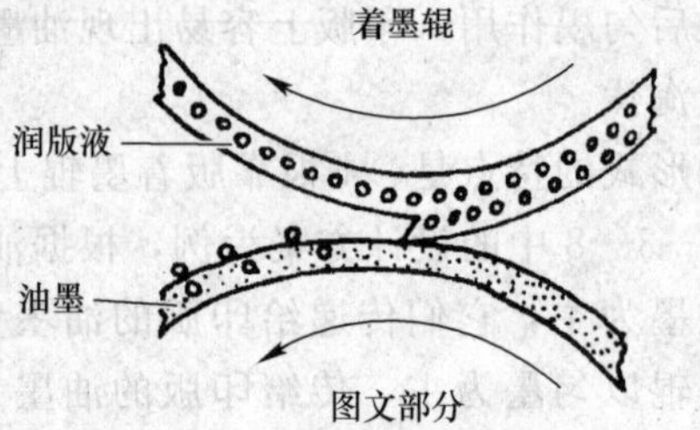 着墨辊 润版液 油墨 图文部分	是
印版空白部分与着墨辊接触	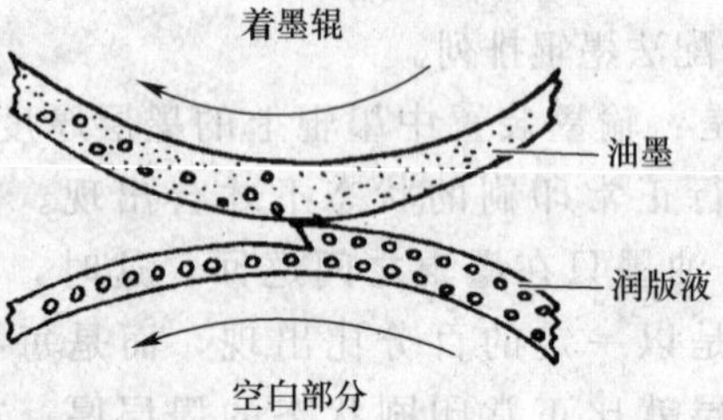 着墨辊 油墨 润版液 空白部分	是
印版图文部分与着墨辊接触	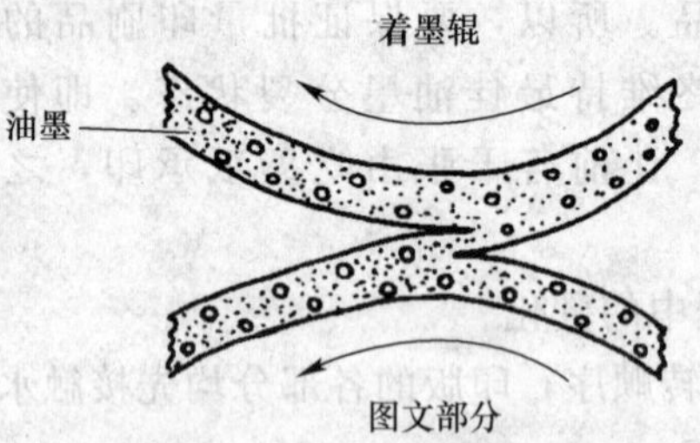 着墨辊 油墨 图文部分	是

从表 1—3—7 中可以看到，印版运转一周与着水辊和着墨辊接触中，共发生 3 次油墨乳化。在实际印刷过程中，油墨的乳化是不可避免的。胶印油墨的乳化是传递油墨所必需的。绝对不乳化的油墨不能用于胶印。

4. 水墨平衡的控制要点

“墨干水小”是掌握水墨平衡技术的原则。具体控制要点如下：

（1）生产工艺规范化、标准化

规范化操作主要指校准“三平”（水辊平、墨辊平、滚筒平）和“三小”（墨量小、水量小、印刷压力小），工作中勤看样，看版面水分，监控墨斗，稳定印刷压力、印刷速度和环境温湿度，严格控制润版液的用量和 pH 值，使之标准化。

（2）印刷材料的优质化

选购性能优异的印版、纸张和油墨。印版、纸张和油墨的性能是产生乳化现象的主要原因之一。

(3) 印刷设备性能最佳化

控制印刷设备使其性能最佳化，以实现标准墨量，保证印刷压力、色彩还原、套印精度、实地密度和网点还原。

知识拓展

1. 影响墨量的因素

墨量的大小是决定印刷品质量的第一要素。墨量大时，印刷品显得深，画面偏暗；墨量小时，印刷品显得浅，画面偏亮。影响墨量的因素见表 1—3—8。

表 1—3—8 影响墨量的因素

因素	原因
印刷压力	印刷压力是保证油墨向承印材料表面转移的基础。是完成印刷的必要条件。印刷压力过大，能够克服油墨的内聚力，从而使油墨转移量增加，图文部分油墨易产生扩大变形；印刷压力过小，不能克服印刷面的不平，印刷面接触不充分，油墨转移量少，印迹不实，层次模糊不清。一般情况下，油墨的转移量随着印刷压力的增大而增大
印版	印版上墨量较大时，版材的性质对油墨转移无影响，但印版上墨量少时，版材的性质对油墨转移影响大，亲油性强的胶层转移墨量大。印版上图文面积对墨量有决定性，图文面积越大，墨量也越大
油墨	油墨的比重、黏性、黏度等对油墨转移量有影响。比重大的油墨转移困难；黏性大的油墨内聚力大，要实现油墨的分离必须克服油墨的内聚力，因此黏性大的油墨转移困难；油墨的转移量随黏度的增大而下降
纸张	纸张的吸墨性能对油墨的转移有直接影响。吸墨性能好的纸张，油墨转移量大；表面平滑度高的纸张，油墨转移量小
墨层厚度	印刷时墨层越厚，油墨的转移量越大

2. 版面水量大小的鉴别

鉴别版面水量大小采用目测法，通过观察版面反射光量的强弱来鉴别：版面反射光量多，则反映水量大；反射光量少，则反映水量小。此外，还可依据以下几点来察看和鉴定水量的大小：察看橡皮布拖梢或两侧是否有水珠出现；观察墨辊是否脱墨，以及墨斗两侧是否有水珠；观察收纸堆是否平整，印张是否变形；是否出现干水现象。

任务实施

在单张纸单色对开胶印机上，按照润版液准备、上水、油墨准备、上墨、水墨平衡控制、试印刷打样等步骤进行操作，在水墨平衡的状态下，印刷出符合质量要求的印样。

一、润版液准备

依据印刷工艺单的要求，在综合考虑印版因素（印版类型、版面图文类型）、油墨因素、纸张因素（纸张的质地、纸张表面的 pH 值）、印刷机速度、环境温湿度、印刷压力、橡皮布性能等印刷过程中相关因素的基础上，配置润版液。在配置润版液时，要特别注意对润版液的 pH 值、浓度和用量等指标进行检测，使配好的润版液能够满足本次印刷的要求。

二、上水

1. 将配置好的润版液装入真空水箱中，盖紧真空水箱盖。
2. 打开水箱下方的水阀，将润版液导入水斗中。
3. 根据墨量大小合理控制水量。
4. 把传水辊打到“给水”状态，并使着水辊与印版表面接触。
5. 当印版表面的水分达到一定程度时，着水辊停止供水，传水辊打到“自动”状态。

三、油墨准备

按照印刷施工单和印刷工艺的要求，对油墨的印刷适性进行调整，使油墨的印刷适性符合本次印刷的需求。

1. 黏度的调节

当油墨的黏度过大时，传墨、匀墨困难，导致印版墨量不足，易花版掉版，也容易使纸张掉粉掉毛。出现这些故障时，可在油墨中加入适量（一般在 3%左右）的 6 号调墨油，或者加入 5%左右的由石蜡、凡士林和干性植物油等调配的去黏剂，搅拌均匀，即可有效消除这些故障。

如果油墨黏度不足，易导致乳化、起浮脏、糊版、网点扩大增值等，都会影响印刷品质量，这时可加入 3%左右的 0 号调墨油来提高油墨黏度。

2. 干燥速度的调节

油墨的适时干燥，能使印刷品墨色鲜艳，光泽度高。如果干燥太快，墨层容易玻璃化结晶，影响下一色油墨的附着；如果干燥太慢，油墨表面未干而堆积，这样半成品或成品的背面容易蹭脏，印迹表面也容易刮毛而不清晰，采用喷粉防粘脏，则印刷品的光泽度又会受到影响。因此，应该把油墨的干燥速度调节合适。在实际应用中可选择加入催干剂或止干剂，但要严格控制用量，否则适得其反。

3. 流动性的调节

油墨的流动性是较为复杂的，往往与黏度、触变性等有关。上机印刷的油墨，流动性好的，一般表现为油墨罐内的油墨较易倒入墨斗，墨斗内的油墨下墨性好，能均匀地传墨、着墨。如果不能达到这些要求，则称为流动性不好。

适当的流动性使油墨在印刷机上正常传递，版面清洁不起油腻，印刷品墨色均匀。如果流动性过大，容易造成网点增大过快、油墨在纸张上渗透量增大而透印等；如果流动性过小，供墨容易断续，墨层不均匀、深浅不一。出现这些问题，可以加入适量的 0 号调墨油来增加黏度，以降低流动性；或加入适量的 6 号调墨油来稀释油墨，以增加流动性。

4. 颜色的调配

油墨颜色的调配，主要是指专色印刷油墨的调配，这种调配可分为深色油墨的调配和浅色油墨的调配。

深色油墨的调配是指仅用原色油墨进行调配而不加任何冲淡剂，调配时根据印刷需耗的油墨量，并以色彩分析确定的主色墨和辅色墨及其比例，将主色墨和辅色墨一起调和均匀。深色油墨的调配分单色、间色、复色三种。单色指由一种原色油墨调配而成；间色指由两种原色油墨调配而成；而复色指由三种原色油墨相混合调配而成。

浅色油墨的调配是指加入冲淡剂对油墨进行调配。浅色油墨调配时的选色如下：

粉红：以白为主，略加桃红、荧光橘红；

玉色：以白为主，略加中黄、荧光橘红；

米色：以白为主，略加橘色、中黄、微黑；

淡蓝：以白为主，略加中蓝；

灰色：以白为主，略加孔蓝、淡黄；

银灰：以白为主，略加银浆、黑墨；

雪青：以白为主，略加淡红、品蓝；

肉色：以冲淡剂（亮光浆）为主，略加透明橘红、中黄；

象牙色：以冲淡剂（亮光浆）为主，略加中黄、孔雀蓝、橘红。

四、上墨

1. 根据原稿选择好油墨。

2. 抬起墨斗，锁紧墨斗两端螺钉。

3. 根据印刷品数量及图文面积选择墨量，用专用墨铲向墨斗里装入所需油墨并摇匀。

4. 旋转墨牙螺钉调节墨斗局部给墨量。

5. 开机运行后定速，手柄打到“给墨”状态，等墨量传好后打到“自动”位置，通过听和看来判断墨量。一般墨层分离声音较轻但能听到声音时，墨量正好；若分离声音很响，能听到“滋滋”的声音，说明墨量太大，这时必须停机，再用吸墨纸进行吸墨处理。

五、水墨平衡控制

1. 将水辊和墨辊的压力调到最佳值。

2. 把着水辊打到着水状态，当版面水分达到一定程度时，给印版上墨。

3. 操作者在与印版平面成30°夹角的方位目测版面空白部分不带墨脏且呈金属灰色时，为水墨平衡状态。

六、试印刷打样

开机后将印刷速度调到“定速”状态下，目测印版表面达到水墨平衡时，输纸、合压进行试印刷打样，并对照试印刷样张进行适当微调后，最终印出符合印刷品质量要求的印样。

技能训练

参照本任务中所给的水墨平衡调节的程序和标准，在单张纸单色胶印机上独立完成一次胶印印刷中的水墨平衡调节操作，最终印出符合印刷品质量要求的印样。

思考练习题

1. 胶印机润版液的功能是什么？
2. 润版液的种类有哪些？各有什么特点？
3. 影响润版液用量的因素有哪些？
4. 如何鉴别版面水量的大小？
5. 水墨平衡的含义是什么？
6. 乳化对胶印印刷中的水量平衡有何影响？
7. 如何控制水量平衡？

任务 2　水墨平衡管控中的故障分析

学习目标

了解胶印机水墨平衡管控中常见故障的原因，熟悉胶印机水墨平衡管控中常见故障的解决方法；会在胶印机上排除水墨平衡管控中的常见故障。

任务引入

在胶印印刷中，逐一分析并排除在水墨平衡管控中遇到的花版、糊版、起脏、不上墨、背面粘脏等故障，印刷出符合印刷品质量要求的印样。

任务分析

花版、糊版、起脏（油脏、浮脏）、不上墨、背面粘脏等故障是在日常胶印印刷生产中较常见的由水墨管控不当而引起的故障。处理该类故障的工作流程是：

观察故障表现特征→分析故障原因→确定故障的解决方案→排除故障

相关知识

一、花版

印刷时印版上的图文缩小、空虚、消失，称为花版，如图 1—3—9 所示。花版具体表现为版面整体偏淡，图像高调区域的小网点丢失现象比较明显，实地区域也呈花白现象，印刷出来的印刷品苍白无力。

产生花版的主要原因是润版液和摩擦。首先，若润版液用量大或酸性强，则会促使乳化加重，使网点缩小，细网点丢失，产生花版；其次，印版与水辊、墨辊、橡皮布之间接触时产生的摩擦力过大，也会造成花版。印版一旦变花，只能报废。

二、糊版

印版版面网点扩大变形，互相粘连兼并，使印刷品的层次模糊不清，称为糊版，如图 1—3—

10 所示。糊版具体表现为版面整体颜色偏深，图像网点扩大现象严重，暗调层次并级现象严重，使得整个印刷品层次拉不开，字号小而笔画又多的文字模糊不清。糊版主要从图像的中、低调部分反映出来。引起糊版的因素很多，但主要原因是输水、输墨和压力三个方面调节不当。

图 1—3—9　花版

图 1—3—10　糊版

知识拓展

花版和糊版是以相反形式表现出来的一对故障，也是平版胶印中最常见的故障。糊版和花版之间的关系是非常密切的，而且常常有相连带的原因。糊版和花版都是指网点的变化，一个是扩大，一个是缩小。在实际印刷中，一张画面上可以同时出现花版和糊版。

三、起脏

起脏是平版胶印最常见的故障之一。按照起脏的形式不同，可以分为两大类：一种叫油脏（俗称“油腻”），如图 1—3—11 所示；另一种叫浮脏，如图 1—3—12 所示。区别油脏和浮脏的方法是观察其位置。一般油脏一经出现，位置是较固定的，而浮脏出现的位置就不很固定。

图 1—3—11　油脏

图 1—3—12　浮脏

1. 油脏

油脏是由于印版空白部分对油墨发生了感应，使之以油腻状态呈现于印版上的一种污脏现象。它往往是先起于局部，然后逐渐扩大范围。根据其起因不同，最终的范围可能很局限，也可能很大。这类起脏均会很快在印张上反映出来。发生油脏后应停机，用印版除脏处理剂轻轻擦洗起脏部位，去除脏污。水辊、润版液、油墨、版基变化都是油脏产生的根源，应根据不同原因加以处理，消除起脏根源。

2. 浮脏

产生浮脏的原因主要是油墨乳化。它有两种表现形式：一种形式是以油墨的细小微粒出现，往往是比较均匀地呈现在整个印版上；另一种形式是墨辊上黏性很小的乳化墨飞溅在印版或橡皮布上，甚至直接溅在纸上。

四、不上墨

在胶印过程中油墨印不到纸张上或者转印到纸张上的墨量非常少的现象称为不上墨。人们习惯将墨辊不上墨称为墨辊脱墨，在印版或橡皮布上不上墨称为脱版，纸张上不上墨称为印不上。如果油墨转印到承印材料上，干燥速度过慢，会引起诸如背面粘脏、印刷混色等故障；干燥速度过快，会引起诸如印刷品表面晶化而不上墨的故障。由此可以看出：印刷油墨的适性调节对于减少因油墨原因引起的印刷故障具有现实意义。

五、背面蹭脏

背面蹭脏又称反面粘墨，一般指在收纸部位，印张上的油墨移转到后一印张的背面。造成背面蹭脏的基本原因是印刷油墨没干或干燥不够。纸张经压印后只有很短的时间进行墨层固着。墨层固着并不是干燥，而是指油墨在一定静压力下不会产生移印。油墨固着不良时，印张不能承受一定数量印张堆叠给它的压力，就会将印迹上的墨转移到另一印张的背面。印张堆叠过多，更易造成背面蹭脏。墨层固着后虽然能抵抗静压力，却不能抵抗摩擦，外力强制的摩擦仍会产生背面蹭脏。特别是一些不正常的干燥，即墨层表面迅速固着，内层没有固着的情况，更不能抵御摩擦蹭脏。背面蹭脏对于双面印刷品即造成废品，对于单面印刷品，虽不一定造成废品，但也会造成后一色印刷时纸堆分离困难和套印不准，严重的会使印张黏结并成为废品。总之，若纸张、油墨、润版液、工艺设计、干噪装置等五方面处理不当就可能引起印张背面蹭脏。

知识拓展

1. 在油墨中加入玉米粉时的注意事项

在油墨中加入玉米粉对防止背面蹭脏有明显效果，调和量一般以1%为宜，最多不超过5%。添加玉米粉可能引起白点、油墨光泽下降和油墨黏度降低等弊病。

2. 采用喷粉装置时的注意事项

喷粉装置所喷粉末是玉米粉与滑石粉的混合物。喷粉可以防止背面蹭脏，但也降低了油墨光泽度，甚至可能引起脏点，所以一般不宜喷太多。在收纸部位喷粉一般适用于四色胶印机。

3. 选用快固着油墨或在油墨中掺入干燥剂时的注意事项

掺干燥剂应当慎重，多色机在前几色墨中尽量少用干燥剂，单色机印刷最好不用干燥剂。

4. 使用纸隔板，减少纸堆厚度时的注意事项

印刷图文面积大且用墨量大的产品时，应及时控制纸堆隔纸厚度，以减少纸面油墨承受的压力。

5. 采用干燥装置时的注意事项

一般胶印机在收纸部位设置红外干燥器，大型高速卷筒纸胶印机则设置专门干燥装置。

任务实施

一、观察故障表现特征

观察花版、糊版、起脏（油脏、浮脏）、不上墨、背面粘脏故障的表现特征。

二、分析故障原因

1. 花版、糊版、起脏等故障的分析（见表1—3—9）

表1—3—9　　花版、糊版、起脏等故障的分析

故障类型	故障原因
花版	润版液用量过大
	润版液的pH值超标
	橡皮布与印版之间摩擦过大，小网点被摩擦丢失
	水辊与印版之间摩擦过大，导致当图文部分没有足够的保护时，润版液会侵蚀印版图文部分
	着墨辊对印版版面压力太小，传墨量少，造成花版
	着墨辊老化，失去了良好的传墨性能，使版面墨量不足
	油墨黏度过大，造成传墨困难
	油墨流动性不足，使得油墨在印版表面分布不匀，印迹受墨不足而造成花版
	油墨颗粒粗，造成印版磨损、图文基础被破坏而导致花版
	纸张掉粉、掉毛，造成印版磨损、图文基础被破坏而导致花版
糊版	润版液用量过小
	印刷压力太大
	着水辊压力过小或水辊脏污，减小印版供水量
	油墨黏度太小，易乳化，使油墨在墨辊、印版和橡皮布上堆积，在压力作用下，造成糊版
	油墨中燥油太多，改变了油墨传递性能，造成糊版
	墨量太大
	版面砂眼过多，印版含水性能下降
	橡皮布绷得太松，印刷时挤压变形大，容易造成糊版
	纸张碱性过强，改变了印版无机盐层的酸性环境，导致印版空白部分含水层动态环境破坏

续表

故障类型	故障原因
油脏	润版液用量过小
	水辊脏污，减小印版供水量
	润版液浓度太低
	印版上原来有痕迹
	着墨辊老化，对油墨吸附性能下降，对版面的浮墨不能及时吸附，导致油脏
	水辊与印版之间、着墨辊与印版之间，以及印版与橡皮滚筒之间压力过大，磨损破坏无机盐层的稳定性，造成油脏
	纸张掉粉、掉毛，加速印版磨损，破坏无机盐层的稳定性，造成油脏
浮脏	油墨颜料水解严重
	油墨乳化严重
	墨辊载墨量过多，产生飞墨现象

2. 不上墨故障的分析（见表 1—3—10）

表 1—3—10　不上墨故障的分析

故障类型	故障原因
墨辊脱墨	墨斗不下墨
	油墨传递性能差
	墨辊上墨层干燥
	润版液使用量过多
脱版	纸张表面强度差
	用水量大且纸张酸性太高
	橡皮布老化
	印版图像部分亲油性能不好
印不上	油墨晶化
干燥速度过慢	版面水分过大
	润版液酸性过强
	印刷车间温度太低，湿度太大
	调墨油等辅助剂加入太多，燥油用量不足
	纸张吸收性能差
干燥速度过快	燥油用量过多

3. 背面蹭脏故障的分析（见表 1—3—11）

表 1—3—11　　背面粘脏故障的分析

序号	故障原因
1	油墨和水使用量过大
2	墨层太厚
3	纸张表面过于光滑
4	油墨干燥过慢
5	润版液 pH 值太小
6	半成品、成品堆积过高
7	喷粉量过少
8	双色机色序颠倒
9	印刷压力太小

三、确定故障的解决方案

1. 花版、糊版、油脏、浮脏等故障的解决方案

花版、糊版、油脏、浮脏等故障的解决方案见表 1—3—12。

表 1—3—12　　花版、糊版、油脏、浮脏等故障的解决方案

故障类型	故障原因	解决方案
花版	润版液用量过大	在保证水墨平衡的前提下，减少润版液用量
	润版液的 pH 值超标	调节润版液 pH 值为 5～6
	橡皮布与印版之间摩擦过大，小网点被摩擦丢失	调节压力
	水辊与印版之间摩擦过大，导致当图文部分没有足够的保护时，润版液会侵蚀印版图文部分	调节压力，经常擦洗水辊，保持水辊的弹性
	着墨辊对印版版面压力太小，传墨量少，造成花版	调节压力
	着墨辊老化，失去了良好的传墨性能，使版面墨量不足	擦洗、打磨着墨辊，防止老化，必要时更换着墨辊
	油墨黏度过大，造成传墨困难	按照说明书加入适量去黏剂
	油墨流动性不足，使得油墨在印版表面分布不匀，印迹受墨不足而造成花版	采用 6 号调墨油和高沸点煤油调节油墨流动性能
	油墨颗粒粗，造成印版磨损、图文基础被破坏而导致花版	更换油墨
	纸张掉粉、掉毛，造成印版磨损、图文基础被破坏而导致花版	降低油墨黏度，经常清洗橡皮布

续表

故障类型	故障原因	解决方案
糊版	润版液用量过小	保证水墨平衡的前提下，增加润版液使用量
	印刷压力太大	调节压力
	着水辊压力过小或水辊脏污，减小印版供水量	调节压力并清洗着水辊，必要时更换着水辊
	油墨黏度太小，易乳化，使油墨在墨辊、印版和橡皮布上堆积，在压力作用下，造成糊版	加入0号调墨油调节油墨适性
	油墨中燥油太多，改变了油墨传递性能，造成糊版	减少燥油的用量，清洗墨辊
	墨量太大	保证水墨平衡的前提下，减少油墨的使用量
	版面砂眼过多，印版含水性能下降	更换PS版
	橡皮布绷得太松，印刷时挤压变形大，容易造成糊版	重新绷紧橡皮布
	纸张碱性过强，改变了印版无机盐层的酸性环境，导致印版空白部分含水层动态环境破坏	更换纸张
油脏	润版液用量过小	保证水墨平衡的前提下，增加润版液使用量
	水辊脏污，减小印版供水量	清洗着水辊，必要时更换着水辊
	润版液浓度太低	根据润版液说明书配置润版液
	印版上原来有痕迹	修版，严重时重新晒版
	着墨辊老化，对油墨吸附性能下降，对版面的浮墨不能及时吸附，导致油脏	擦洗、打磨墨辊，防止老化，必要时更换着墨辊
	水辊与印版之间、着墨辊与印版之间，以及印版与橡皮滚筒之间压力过大，磨损破坏无机盐层的稳定性，造成油脏	调节压力；经常擦洗水辊，保持水辊高弹性能
	纸张掉粉、掉毛，加速印版磨损，破坏无机盐层的稳定性，造成油脏	降低油墨黏度，经常清洗印版和橡皮布
浮脏	油墨颜料水解严重	先减少印版两头含水量，然后在两头墨辊上加入少量燥油，并降低润版液酸性
	油墨乳化严重	减少版面水分；降低水斗药水的酸性，减少树脂胶的用量；油墨中加入适当浓调墨油；清洗墨辊
	墨辊载墨量过多，产生飞墨现象	保证水墨平衡的前提下，降低墨量

2. 不上墨故障的解决方案

不上墨故障的解决方案见表1—3—13。

表 1—3—13　　不上墨故障的解决方案

故障类型	故障原因	解决对策
墨辊脱墨	墨斗不下墨	勤掏墨斗，破坏油墨的回旋运动，使油墨从墨斗中不断地流出
	油墨传递性能差	选用性能合适的油墨
	墨辊上墨层干燥	在墨辊上涂调墨油和防干油；必要时应清洗墨辊
	润版液使用量过多	在保证水墨平衡的前提下，降低润版液的使用量
脱版	纸张表面强度差	减少润版液使用量，限制印刷速度；必要时换纸
	橡皮布老化	经常擦洗橡皮布，必要时更换橡皮布
	印版图像部分亲油性能不好	经常擦洗印版，必要时换版处理
印不上	油墨晶化	缩短半成品放置时间；减少油墨中干燥剂的加入量
干燥速度过慢	印版版面水分过大	减少版面水分
	润版液酸性过强	适当调节润版液的 pH 值
	印刷车间温度太低，湿度太大	控制温度为 18～20℃，湿度为 55％～65％
	油墨辅助剂加入太多，燥油用量不足	减少辅助剂用量，加入燥油
	纸张吸收性能差	进行晾纸、通风等处理
干燥速度过快	燥油用量过多	在油墨中加入适量的碳酸镁粉或不干性的蜡质辅助剂

3. 背面蹭脏故障的解决方案

背面蹭脏故障的解决方案见表 1—3—14。

表 1—3—14　　背面粘脏故障的解决方案

故障原因	解决对策
油墨和水使用量过大	降低油墨和水的使用量，重新寻求水墨平衡
墨层太厚	在保证水墨平衡的前提下，降低油墨的使用量
纸张表面过于光滑	在油墨中加入玉米粉或防粘剂
油墨干燥过慢	使用快干油墨，如发现油墨干燥太慢，可加少量的干燥剂，温度高一点，油墨氧化结膜的速度就快一些，通风越好，油墨的干燥速度越快
润版液 pH 值太小	降低润版液的浓度
半成品、成品堆积过高	降低印张堆积高度
喷粉量过少	增加喷粉量
双色机色序颠倒	合理安排色序
印刷压力太小	调节印刷压力

四、排除故障

依据故障解决方案中给出的故障原因和解决对策进行排除故障操作。

技能训练

参照本任务中所学习的故障分析排除方法和程序，在单张纸胶印印刷模拟器上进行花版、糊版、起脏、不上墨、背面粘脏等故障的分析排除操作。

思考练习题

1. 胶印印刷中常见的主要因水墨平衡管控不当而引发的故障有哪些？
2. 胶印印刷中如何避免花版故障的发生？
3. 胶印印刷中如何鉴别油脏和浮脏？
4. 背面粘脏故障发生后应采取何种措施解决？
5. 为什么说花版、糊版故障有时可能同时发生？
6. 日常胶印印刷中引起不上墨故障发生的最常见因素是什么？试分析说明。

项目四　印刷压力管控

印刷压力是印刷机设计和油墨向承印物表面转移的基础。印刷压力的管控不仅是实现印刷过程的根本保证，而且在很大程度上决定着印刷品的质量。在平版胶印中印刷压力是指三滚筒间的压力，即印版滚筒与橡皮滚筒和橡皮滚筒与压印滚筒之间的压力。

橡皮布更换是胶印机操作的一项基本技术，是掌控胶印机印刷压力的关键。更换橡皮布操作的规范性和准确性将直接影响着油墨的转移效果、印刷质量和橡皮布的使用寿命。因此，从事胶印工作必须掌握橡皮布更换技术，并能分析、排除橡皮布更换中的常见故障。

任务1　橡皮布更换

学习目标

熟悉胶印印刷压力的概念和计算方法，熟悉橡皮滚筒包衬类型及特性，掌握胶印印刷压力测量程序及要求，掌握橡皮布更换程序及要求，掌握胶印印刷压力校正程序及要求；会正确选择、更换橡皮布和衬垫物，会校正胶印印刷压力。

任务引入

在单张纸单色胶印机上完成橡皮滚筒包衬的更换任务，并对印刷压力进行相应的调整，调出满足胶印印刷质量要求的最佳印刷压力，印出符合印刷品质量要求的印样。

任务分析

单张纸胶印机橡皮布更换任务包括了从橡皮滚筒包衬准备到按要求进行印刷压力校正，并找出最佳印刷压力操作的全过程。本次任务的具体工作流程是：

橡皮滚筒包衬准备→拆橡皮布→装橡皮布→印刷压力校正（调出最佳印刷压力）→试印刷打样

相关知识

一、橡皮滚筒包衬基本知识

1. 橡皮滚筒包衬材料

滚筒包衬是指为在合压印刷时产生印刷压力而包裹在印刷机滚筒筒体上的材料。对于印版滚筒而言，包裹在印版滚筒筒体上的印版和衬纸就是印版滚筒包衬。

橡皮滚筒包衬材料主要由橡皮布和印刷时夹在橡皮布下面用来调节压力的衬纸或衬布

（毡呢）等衬垫物组成。

橡皮布是一种高弹性和高亲油性的材料，在印刷过程中有两大作用。一是利用其弹性在压力的作用下产生变形，来克服印刷面（印版、橡皮布、承印材料）的不平，实现油墨稳定转移。二是通过其良好的受墨和传墨性，实现油墨从印版向承印物表面转移，起间接传递油墨的作用。

胶印橡皮布必须具有良好的弹性、良好的受墨与传墨性、稳定的尺寸，表面光洁滑爽且无细小杂质，耐磨、耐酸碱、耐光和热、耐化学试剂、厚度适中（1.60～1.90 mm）、厚薄均匀一致。

胶印橡皮布由多层专用纤织品和合成橡胶化合物制成，根据其组成结构及特性可分为普通橡皮布和气垫橡皮布两种，见表1—4—1。

表1—4—1　　胶印橡皮布结构及特性

类型	结构	特性
普通橡皮布	表面橡胶层 黏合剂层 纤织品层 普通橡皮布	无气垫层，压缩性和回弹性较好，允许的印刷压力调节误差范围很小，衬垫高度灵活度较小。一般用于中性或软性橡皮滚筒包衬组合类型
气垫橡皮布	表面橡胶层 气垫层 黏合剂层 纤织品层 气垫橡皮布	带有气垫层，压缩性和回弹性好，允许印刷压力稍有偏差，衬垫高度灵活度也较大。一般用于硬性橡皮滚筒包衬组合类型

气垫橡皮布与普通橡皮布的主要区别在于表面橡胶层下面增加了气垫层。气垫层存在许多气泡，受压力作用时，微小气泡体积缩小，分布密度增加，从而产生垂直压缩，不易变形，压力消失后，能迅速恢复到原来的状态，从而达到保证图文质量的目的。

衬垫物必须质地紧密，厚薄均匀一致，平整度好，弹性适当，有一定的机械强度和抗张力。

2. 橡皮滚筒包衬组合类型及特性

由于各类胶印机的设计和加工制造精度要求不同，因此胶印机的橡皮滚筒包衬组合类型也不同。但对于指定的胶印机而言，其橡皮滚筒包衬组合类型是固定的。在进行橡皮布更换操作前，必须查阅胶印机使用说明书中的相关参数。

根据胶印机橡皮滚筒包衬组合类型及特性，可将其分为硬性包衬、中性包衬和软性包衬三类，见表1—4—2。

表 1—4—2　　橡皮滚筒包衬组合类型及特性

类型	包衬组合	厚度	印刷压力控制范围	特性
硬性包衬	1 张橡皮布＋多张衬纸（或尼龙布）	<2 mm	0.04～0.1 mm	这种包衬印出的网点特别清晰。但由于弹性差，故对胶印机的制造精度和压力调节要求较严格，对橡皮布、印版、纸张的平整度要求也较严格。该包衬特别适合使用气垫橡皮布。国外制造的高速胶印机一般采用这种包衬方法
中性包衬	1 张橡皮布＋1 张薄毡呢＋多张衬纸	3～3.5 mm	0.10～0.20 mm（中性偏软时，压力控制在 0.2 mm 左右；中性偏硬时，压力控制在 0.15 mm 左右）	这种包衬的软硬适中，印出的网点较清晰，点形也较光洁，网点扩大相对小。我国制造的胶印机推荐采用这种包衬。中性包衬分为中性偏软和中性偏硬两种
软性包衬	1 张橡皮布＋1 张厚毡呢＋多张衬纸	>4 mm	0.20～0.30 mm	这种包衬橡皮布下面的厚毡呢富有弹性，变形量较大。由于弹性大，不易出现杠子，操作容易，但易使网点变形，影响印刷品质量。所以软包衬只在陈旧胶印机或磨损过多的机器上使用

二、胶印印刷压力管控

1. 胶印印刷压力的定义

胶印印刷压力是指滚筒之间的压力，即印版滚筒与橡皮滚筒之间和橡皮滚筒与压印滚筒之间的压力，如图 1—4—1 所示。

2. 胶印印刷压力的作用

（1）使粗糙的印刷面实现完全接触

纸张、橡皮布和印版表面均呈粗糙微孔状，对这些粗糙表面，必须在一定压力作用下受压变形而达到可靠、完全的接触，克服各印刷面的粗糙度和不平度，从而使油墨、水分能够与固体表面互相吸附，达到有效转移。

（2）克服分子引力，增强吸附力作用

油墨分子间具有一定的引力，当各个转移面对油墨的吸附力超过油墨分子间引力时，油墨才开始被转移。但是，油墨在吸附转移中，各转移面接触的距离必须极近（接近或小于分子间的距离），才能产生吸附作用。所以，只有在一定压力作用下，克服分子间的

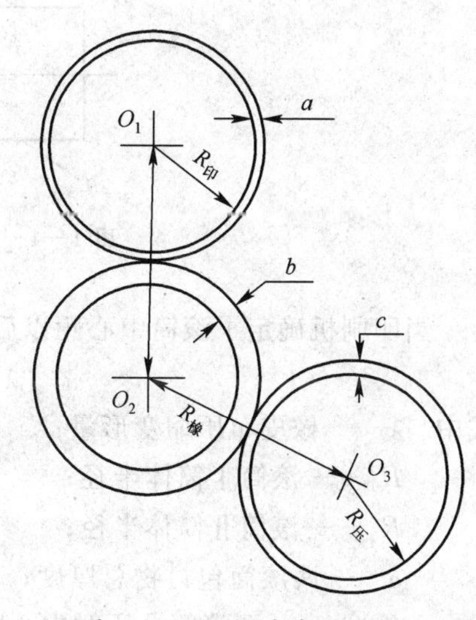

图 1—4—1　胶印印刷压力

引力，油墨才能良好吸附而转移。

（3）压力渗透作用

油墨印到纸张上，连接料对纸张要产生渗透现象。油墨在纸张上的渗透可分为压力渗透和自由渗透。油墨接触纸张的瞬间，在滚筒间的强大压力作用下，连接料分子被强制压入纸张表面的纤维间隙内（具有一定的深度），然后才有纸层内的间隙毛细管现象，缓慢地进行自由渗透。所以，压力是连接料在纸面固着干燥和渗透性干燥的重要条件。

3. 胶印印刷压力表示方法

印刷压力可采用四种方法来表示，即面压力（单位为 kg/cm^2）、线压力（单位为 kg/cm）、压缩量（单位为 mm）和接触区宽度（单位为 mm）。前两种表示方法虽然比较科学，能反映实际的印刷压力，但测量困难，不能在实际生产中应用。接触区宽度一般用于测量滚筒的平行度，目前，在实际生产中也很少应用。用压缩量间接表示压力的大小，从物理量纲上不符合，但是，如果在相同衬垫条件下，用压缩量间接反映压力大小就有实际意义了，压缩量大，印刷实际压力大，反之则小。由于印刷衬垫的种类并不多，所以，用压缩量表示印刷压力的大小是可能的。这种表示方法的最大优点是便于观察和测量，能在实际生产中应用。

在胶印机设计中，各滚筒之间均留有确定的间隙。印刷过程中印版滚筒表面包裹了印版和衬纸，橡皮滚筒表面包裹了橡皮布和衬垫物，压印滚筒包裹了承印纸张。这些包衬物填补了滚筒之间的间隙。当两个滚筒的包衬物厚度超过两滚筒合压间隙时，如图 1—4—2 所示，就产生了印刷压力。

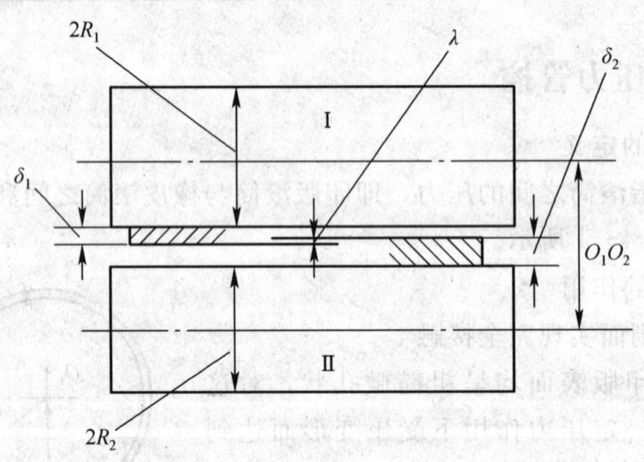

图 1—4—2　胶印印刷压力与滚筒基本关系

当印刷机确定了滚筒中心距以后，胶印机的印刷压力与滚筒的基本关系为：

$$\lambda = R_1 + R_2 + \delta - O_1O_2$$

式中　λ——橡皮布压缩变形量；

R_1——滚筒Ⅰ筒体半径；

R_2——滚筒Ⅱ筒体半径；

δ——两滚筒包衬物总厚度；

O_1O_2——两滚筒合压时中心距。

在实际印刷中，首先要控制的是印版滚筒与橡皮滚筒间的印刷压力。鉴于承印纸张的弹塑性变形，橡皮滚筒与压印滚筒间的印刷压力允许比印版滚筒与橡皮滚筒间的印刷压力大0.1 mm。

4. 最佳印刷压力

在印刷过程中，一方面能确保图文墨迹充分转移，印迹足够结实，另一方面又能在转移过程中印迹网点不铺展且摩擦量小的滚筒压力，叫作最佳印刷压力，或称为理想印刷压力。印刷压力的大小，直接影响到油墨从印版转移到橡皮布和从橡皮布转移到纸张上的程度。如果用 f 表示油墨的转移率，则：

$$f=(G_s/G_p)\times 100\%$$

式中　G_p——印版上的油墨量；

　　　G_s——印刷品上的油墨量。

实验表明，印刷压力与油墨转移率之间存在着如图 1—4—3 所示的关系。当压力小时，油墨转移率小。当压力太大时，油墨转移率并不增加，且网点变形、图文歪曲。当压力在 $P_B \sim P_C$ 之间时，油墨转移率较稳定，并可得到比较满意的印品。因此把 $P_B \sim P_C$ 段叫最佳印刷压力区域。

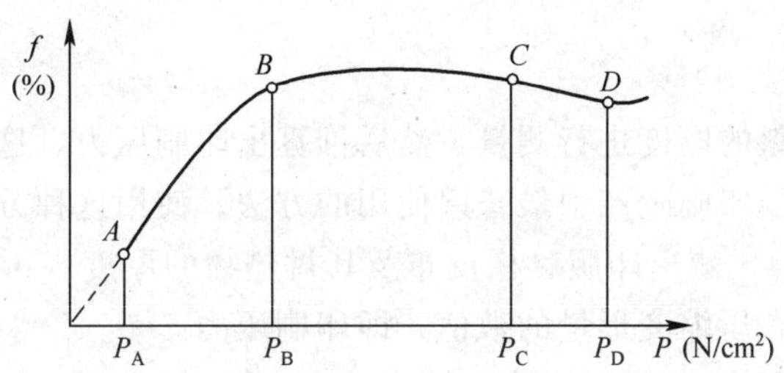

图 1—4—3　印刷压力与油墨转移率的关系

知识拓展

确定滚筒包衬量的方法

1. 等径滚筒配置理论

等径滚筒配置理论是根据线速度一致的理论提出的，即滚筒在滚压时必须等径，使印版上墨迹厚实、准确地再现于印刷品上。等径滚筒配置理论考虑到橡皮滚筒是弹性体，在压印过程中必须凹陷而使半径缩小，因此，在实现等径配置时要求橡皮滚筒半径略大于印版滚筒和压印滚筒。

2. 异径滚筒配置理论

等径刚体与弹性体相互滚压时，弹性体由于受压变形而使其运动一周的行程比刚体略长一些。因此，要想使两滚筒转动周长相等，滚筒间无相对滑动，必须使橡皮滚筒半径缩小，即橡皮滚筒半径略小于印版滚筒和压印滚筒的半径。该理论称为异径滚筒配置理论，其表述如下：

$$D_p=D_i>D_b=D$$

式中　D——滚筒传动齿轮节圆直径；

D_p——印版滚筒包衬后直径；

D_b——橡皮滚筒包衬后直径；

D_i——压印滚筒包上印张后的直径。

根据以上理论，若印刷用纸厚 0.1 mm，橡皮布厚 1.90 mm，印版厚 0.3 mm，以 J2108 型胶印机为例，其印版滚筒的筒体直径为 299 mm，橡皮滚筒的筒体直径为 293.5 mm，压印滚筒的筒体直径为 300 mm，橡皮滚筒的筒体半径比压印滚筒的筒体半径小 2～3.5 mm，可算出印版滚筒与橡皮滚筒的衬垫量。

压印滚筒的直径＝300＋0.2＝300.2 mm

印版滚筒的衬垫厚度＝300.2－299－0.6＝0.6 mm

橡皮滚筒的衬垫厚度＝300.2－293.5－1.9＝4.8 mm

在印刷中，印版滚筒的衬垫厚度为 0.6 mm，橡皮滚筒的衬垫厚度略大于 4.8 mm 即可。

5. 滚筒包衬数据的测量和计算

通过工具测量获知印刷机实际印刷压力的方法，就是印刷压力测量法。这类方法适用于对未知压力的印刷机的检验，也适用于对已设定包衬的印刷机的复核，还适用于印刷中途对印刷压力的检查。当印刷质量发生问题要对印刷机运行状况作各种检查时，这种测量也是基本检查项目之一。

（1）包衬材料测量法

在上机前对包衬材料的厚度进行测量，然后推算出印刷压力，这就是包衬材料测量法。

这种方法是目前我国印刷生产中最普遍使用的方法。使用这种方法，只需在上机前分别用千分尺（见图 1—4—4）测出印版、橡皮布及其衬垫物的厚度。再用总包衬厚度减去两滚筒间隙，就得到了橡皮布压缩变形量的数值，即印刷压力。

这种方法的优点是比较方便、简捷，缺点是不够精确。一是橡皮布及其衬垫物不是刚体，用千分尺测量其厚度往往有误差；二是橡皮布装上滚筒后，因松紧程度不同而引起的误差也不小。为了减小测量误差，在测量橡皮布厚度时，最好使用盘式千分尺。如果使用普通千分尺，应借用薄金属片（如废版材）在两面夹住测量，然后去除夹片的厚度，就得到了较精确的橡皮布实际厚度值。测量毡呢时，可采用平均值测量法：第一次测量取夹得不紧的状态，即量具已夹住，但毡呢能拉动；第二次测量取夹紧状态，毡呢无法拉动。最后取 2 次测量的平均值，即为毡呢的使用厚度。

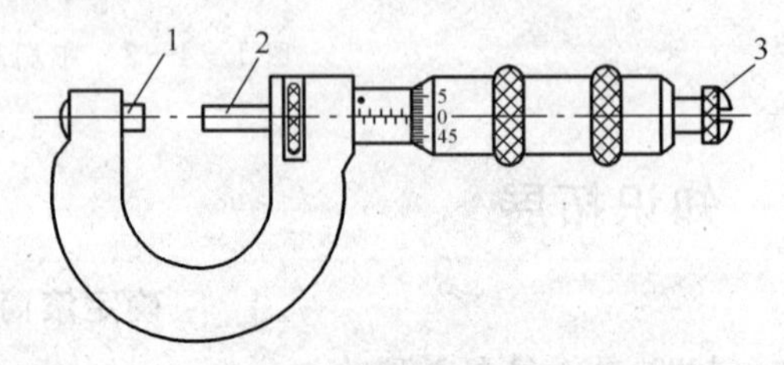

图 1—4—4　千分尺

1—固定砧　2—测量杆　3—棘轮保护旋钮

（2）衬垫量规法

衬垫量规是一种用于测量滚筒包衬情况的专用工具，也称为“筒径仪”。实际上它并不能用来测量滚筒直径或半径，而是用于测量滚筒表面与滚枕半径的差值。常用衬垫量规有两种形式：一种为尺形，另一种为盘形。

1）尺形衬垫量规。尺形衬垫量规是一件带缺口的长方体工具，如图 1—4—5 所示，底面经精加工后具有较高精度。将它放在包衬后的滚筒表面，方向与滚筒轴平行，缺口外端测量面置于滚枕之上。用塞规（也称厚薄片，见图 1—4—6）测出量规与滚枕的间隙，就可以以此为基础推算出印刷压力。

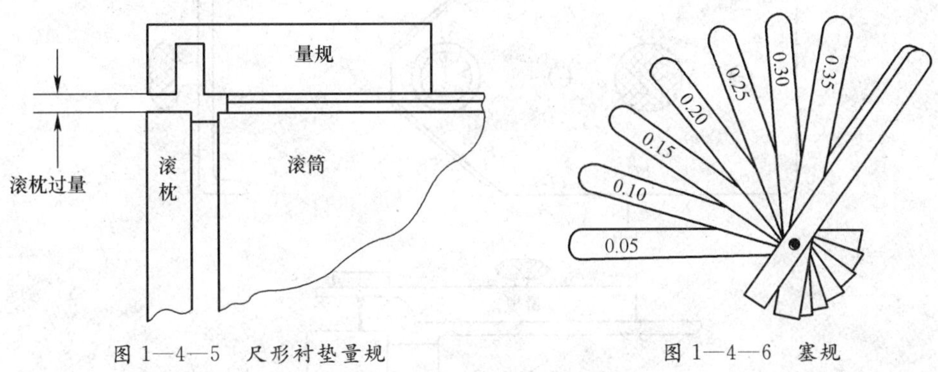

图 1—4—5 尺形衬垫量规

图 1—4—6 塞规

如果包衬后的滚筒表面低于滚枕，可在滚筒表面临时覆上一定厚度的纸张，再用衬垫量规测量，使之与滚枕相平。这时，纸张厚度就是滚筒面低于滚枕的数值。滚筒包衬面与滚枕的差值叫作滚枕过量，记作“H”。高于滚枕取正值，低于滚枕取负值。那么，印刷压力的计算可采用公式：

$$印刷压力=H_1+H_2-滚枕间隙$$

式中，H_1和 H_2分别为滚筒 1 和 2 的滚枕过量值。

通常 J2108 型胶印机滚枕间隙为 0.02 mm。如果测量出印版滚筒包衬后的滚枕过量和橡皮滚筒包衬后的滚枕过量，就很容易得到印刷压力了。

这种方法的优点是可以在机器上进行测量。同时，由于滚枕是经精加工的测量基面，因此它的测量数据比包衬材料测量法准确得多。由此也可知，胶印机保持滚枕的清洁非常重要。而且，不允许用刮刀或金属工具使滚枕受到机械损伤，否则将引起测量误差。

2）盘形衬垫量规。具有代表性的是德国 R0456 型衬垫量规（见图 1—4—7），它由 1 个带指针刻度盘的深度千分表和 1 个金属底板架组成。底板面呈五边形，中间有 1 个扁圆形把手和 2 个小观察孔，狭窄的一端装着深度千分表。底板两长边弯下，并形成两条斜面，成为测量时贴合滚筒的底脚。它的使用方法如下：

先在滚筒上放一大张纸，一直延伸到滚枕，然后把衬垫量规放在纸上，并且使底脚平行于滚筒轴。当衬垫量规完全坐落在滚筒上后，将深度千分表刻度调到“0”。然后把衬垫量规向左或向右平行滑移，使深度千分表触头落在滚枕上。深度千分表将立即显示出该包衬高于或低于滚枕的数值，即滚枕过量。盘形衬垫量规利用深度千分表触头的落差，通过深度千分表表头直接显示数字，使用起来非常直观，比尺形衬垫量规方便得多。

要注意的是：衬垫量规放到滚筒上不应有任何歪斜和偏转，否则会引起读数不准确。另外，在装上一张新橡皮布之后，印刷机要在合压下运转 5 min，将橡皮布重新拉紧后再进行测量。

该量规由德国海德堡公司提供，故用来测量海德堡胶印机很方便。使用时，不但衬垫量规的底脚宽度与滚筒直径匹配很好，而且计算方便。因为海德堡胶印机为接触滚枕型，即印版滚筒与橡皮滚筒的滚枕相互接触，要得到这两个滚筒的印刷压力显得特别简单。按该机实

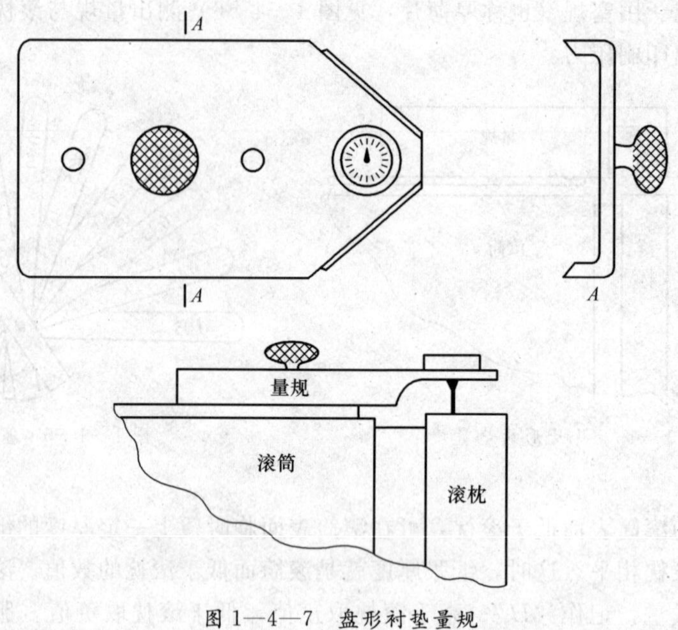

图 1—4—7　盘形衬垫量规

际包衬，一般印版高于滚枕，千分表刻度盘指向正方向；橡皮布低于滚枕，千分表刻度盘指向负方向。这两个测量数值的算术和就是印版滚筒与橡皮滚筒间的印刷压力。例如：在印版滚筒的滚枕上，千分表指针指示 0.13 mm，在橡皮滚筒上指针向负方向指示 0.05 mm，则该机的印版滚筒与橡皮滚筒间的印刷压力为：

0.13＋（－0.05）＝0.08 mm

用它测量国产胶印机时，应用所测数值的算术和，再减去相对应的滚枕间隙，即得出印刷压力。

总之，这种盘形衬垫量规测量起来既准确又方便。现在，不但有带一个千分表的衬垫量规，而且有了带两个千分表的衬垫量规，在底版的两端各带一个千分表，测量时一个落在滚筒体上，一个落在滚枕上。甚至还有带三个千分表的衬垫量规，测量时，两个千分表触针落在滚筒体上，一个千分表触针落在滚枕上。这些变化，目的都是为了使测量更加方便、准确。

（3）压痕宽度法

在胶印机的转印过程中，确定的压缩变形量，一定对应着一个滚筒间的压痕宽度。在其他条件相同的情况下，压缩变形量越大，压痕宽度越大。通过压痕宽度值，推算出压缩变形量，就是压痕宽度法，也称为“压杠宽度法”或“压杠痕法”。

压痕宽度法的主要工艺操作步骤有 3 步：

1）压痕。将印版打上满版墨，手动合压，然后离压，橡皮滚筒的橡皮布上就会留下一道压印痕迹。

2）测量。用钢卷尺测量压痕宽度。

3）计算。压痕宽度和压缩变形量有如图 1—4—8 所示的关系。根据圆内相交弦关系的定理，可得公式：

$$\lambda = b^2/4R$$

式中 λ——印刷压力；

b——压痕宽度；

R——滚筒半径。

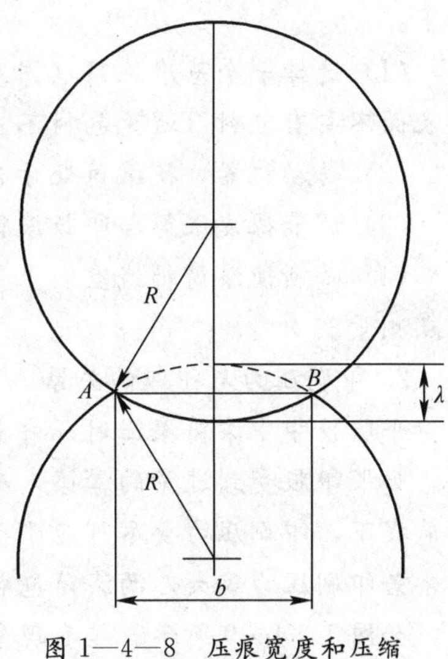

图 1—4—8 压痕宽度和压缩变形量的关系

这种方法方便易行，而且直观，对于同类机器、同类衬垫具有较强对比性。对于长期操作同一台机器者，用这种方法可以方便地知道压力大小的变化情况。

橡皮滚筒与压印滚筒之间，用类似的方法也可得到压痕宽度和压力的关系。不过，在实际生产中很少用这种方法。

在测量包衬总厚度时，测量值必须比包衬绷紧在机器上所要求的数值大一些，因为衬垫物绷紧在滚筒上会使厚度减小。橡皮布及其衬垫的总厚度应增加 0.15～0.20 mm。气垫橡皮布应多一些，普通橡皮布可少一些。在测量橡皮布、毡呢等变形较大的材料时，要多方位进行测量，取平均值。

6. 印刷压力调节的方法及要求

(1) 印刷压力调节的方法

1) 中心距调节法。在滚筒衬垫不变的前提下，通过改变两滚筒的中心距来实现滚筒间压力的增减。中心距增加，印刷压力减小；中心距减小，印刷压力增加。

2) 衬垫调节法。在滚筒中心距不变的前提下，通过改变滚筒衬垫的多少来实现滚筒间压力的增减。衬垫增多，印刷压力增大；衬垫减少，印刷压力减小。

改变衬垫有以下几种情况：改变印版滚筒或橡皮滚筒的衬垫，或同时改变两滚筒的衬垫。

(2) 印刷压力调节的要求

调节印刷压力时注意以下几个方面：

1) 全面分析和了解影响印刷压力的因素，即哪些因素发生了变化，对印刷压力有何影响，必须十分明确，只有这样，才能有的放矢。

2) 若在较小的范围内改变印刷压力，可通过调节衬垫实现；若需要在较大的范围改变印刷压力，必须调节中心距。

3) 通过改变两滚筒的中心距来调节印刷压力时，要先分析影响印刷压力的因素，做到心中有数，同时要严格控制调节量，否则会影响机器寿命。

4) 改变衬垫时，要分析清楚是印版滚筒还是橡皮滚筒，要有针对性，不能图省事只改变橡皮滚筒衬垫。

知识拓展

1. 调整滚筒的中心距

较先进的胶印机，中心距调节量都有刻度显示，调整方便。调整滚筒中心距的正确步骤如下：

（1）选择一个基准滚筒（固定轴瓦的滚筒），注意滚筒与机架的垂直度，校好水平，滚筒表面不要有包衬（避免包衬不当时，滚筒合压产生离让）。

（2）转动机器，使滚筒处于合压位置，调整橡皮滚筒与压印滚筒的滚枕间隙。

（3）调节橡皮滚筒与印版滚筒的滚枕间隙。

（4）必须使滚筒轴线空间平行，为避免两轴线空间不平行，必须对滚筒两端及中间进行三点测量。

2. 印刷压力与印版的关系

平版胶印中滚筒滚压时压印弧内对印版的摩擦是不可避免的。压力越大，摩擦力就越大。如果印版受到过量的摩擦，耐印力就会下降。因此，平版胶印中，在保证图像正常转印的前提下，印刷压力要尽可能小些。

若印刷压力偏大，两滚筒包衬半径差也较大时，会使印版受到过量摩擦产生“起毛”现象，如图 1—4—9 所示。起毛现象是指图像或网点边缘产生淡淡的拖影，这种现象首先产生在印版上，然后反映到印张上。

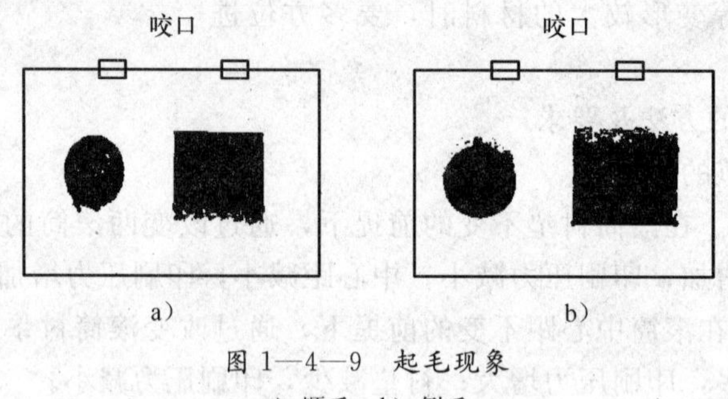

图 1—4—9　起毛现象

a）顺毛　b）倒毛

在印刷压力偏大的前提下，如果印版滚筒半径始终大于橡皮滚筒半径，印版始终受到与滚筒运转方向相反的摩擦力，就容易产生“顺毛”，拖影方向指向拖梢，如图 1—4—9a 所示；如果印版滚筒半径始终小于橡皮滚筒半径，印版始终受到与滚筒运转方向相同的摩擦力，就容易产生“倒毛”，如图 1—4—9b 所示，拖影方向指向咬口。

7. 包衬与图文尺寸的关系

在同样的印刷压力下，压缩变形量可以分配在不同的滚筒内。两个对压滚筒包衬半径的关系可以有多种表现形式。这种滚筒包衬半径的大小对比，对印版的摩擦和印刷图文的尺寸都有影响。印版或纸张包在滚筒上的尺寸和平放时的尺寸不同。根据材料变形规律，当印版或纸张弯曲时，其中线层长度不变，而外层伸长，内层缩短，这种现象称为“崩裂”。由于崩裂现象的作用，使印版滚筒（或橡皮滚筒）包衬厚度的变化与印在纸张上的图文尺寸在印刷周向上变化存在一定的关系：若要增加印刷图文尺寸，可以减少印版滚筒包衬，或增加橡皮滚筒包衬；若要减小印刷图文尺寸，可以增加印版滚筒包衬，或减少橡皮滚筒包衬。具体图文尺寸变化的计算公式为：

$$\Delta S = 2\pi K \Delta\delta$$

式中 ΔS——印在纸张上的图文尺寸在印刷周向上的变化量；

$\Delta\delta$——印版滚筒（或橡皮滚筒）包衬厚度的变化量；

K——滚筒利用系数（转印部分占圆周角的比例）。

各种规格的胶印机滚筒利用系数是不同的。大多数胶印机的滚筒转印角为270°，即利用系数 $K=0.75$，J2108型胶印机就属此例。所以，上式可演变为：

$$\Delta S \approx 4.71\Delta\delta$$

印刷图文周向伸长（或缩短）几乎等于包衬半径变化量的5倍。印版包衬半径减少，即衬垫抽掉0.2 mm，纸张上印刷图文周向将增加0.94 mm的误差。这是非常明显的误差。反之，要改变纸张上图文周向尺寸，则可根据上式进行逆运算：

$$\Delta\delta \approx 0.21\Delta S$$

包衬与图文尺寸的关系，可以在生产中加以利用，主要有3个方面：

(1) 适应印刷纸张厚度变化的要求

承印纸张厚度有较大变化时，为保证产品图文尺寸，可以利用改变包衬厚度的办法加以调整。

(2) 单色机套印多色印刷品的应用

单色机套印多色印刷品，因半成品图文伸缩变形无法套印时，可以利用改变包衬量的办法调整图文尺寸。印刷中常以纸张的横丝方向对应滚筒周向印刷，使不易伸缩变形的方向对应轴向。横丝方向发生变形可以得到弥补。

(3) 适应多色机连续套印要求的应用

多色机连续套印，纸张每印一色时都因吸收部分水分而伸长。印刷中对印版滚筒的包衬量逐级减少0.01～0.05 mm，增大印刷图文尺寸，以达到提高产品套印精度的目的。

8. 影响印刷压力的因素

为了确定恰当的印刷压力，必须明确影响印刷压力的因素。决定印刷压力的因素很多，在不同条件下对印刷压力的影响程度也有不同，最主要的影响因素见表1—4—3。

表1—4—3　影响印刷压力的因素分析

影响因素	分析
印版	印版上图文面积的大小、特征和印版的厚度都会影响印刷压力。印版上图文面积越大，转移的墨越多，所需的印刷压力也越大。对于线条和文字稿的印版而言，印刷压力可稍大，对于有网点的印版来说，必须严格控制印刷时网点的扩大，印刷压力是导致网点扩大的主要原因。不同厚度印版的衬垫不同，在印刷时必须根据印版的厚度来调节衬垫量
纸张	纸张的平滑度、含水量、厚度与印刷压力密切相关。纸张表面平滑度越高，表面结构越均匀、平整、光滑，印刷面越平，所需要的印刷压力越小；反之，表面越粗糙，纸张需要的印刷压力越大。纸张所含的水对向其表面转移的油墨有排斥作用，水越多，排斥作用力越大，要实现正常量的油墨转移，只有依靠较大的印刷压力来克服水的排斥力，故含水量越高的纸所需印刷压力越大。印刷不同厚度的纸张时，印刷状态不同，滚筒的衬垫也不相同，必须对印刷压力做适当的调节
印刷速度	当印刷速度高时，滚筒间接触的时间短，纸张所接受的油墨量也少。为了达到正常的油墨转移，印刷速度高时，印刷压力应适当增加，反之亦然，以保证印刷效果

续表

影响因素	分析
油墨	油墨的黏性对印刷压力影响较大。在油墨的转移过程中，印刷压力起着克服油墨产生分离时的抵抗力的作用，抵抗分离的力越大，油墨的黏性越大，所需印刷压力越大
橡皮布及衬垫	橡皮布的弹性对印刷压力影响较大。弹性大的橡皮布易变形，需要的印刷压力小。衬垫与印刷压力的关系密切：硬性衬垫需要的印刷压力大，软性衬垫需要的印刷压力小，中性衬垫介于两者之间
印刷机滚筒半径	印刷机的滚筒半径是影响印刷压力的关键。滚筒半径越小，两滚筒接触的时间越短，压印宽度越小，要实现足够的油墨转移，必须以增加印刷压力来保证。故印刷机滚筒半径越小，需要的印刷压力越大，滚筒半径越大，需要的印刷压力越小
印刷品的质量与数量	印刷时由于印刷压力的作用，网点会产生扩大变形。印刷压力越大，网点扩大越大，印刷品质量越差；印刷压力越小，橡皮布与衬垫的变形越小，网点扩大越小，印刷品质量越好。印刷品的数量越多，印刷转印次数越多，橡皮布与衬垫产生滞后效应，其产生的印刷压力会有所下降。为了确保印刷品质量，必须维持足够的印刷压力，在印刷一定时间后，应采用增加衬垫的方法来调整印刷压力
滚筒中心距	滚筒中心距的大小对印刷压力的影响很大。滚筒中心距大，印刷压力小；滚筒中心距小，印刷压力大。滚筒中心距控制不当，很大程度上会影响滚筒的正常运转，导致多种印刷故障

9. 印刷压力校正的要求

日常印刷生产中，应避免压力过大或过小，为求得最佳印刷压力值，必须注意一些问题，见表1—4—4。

表1—4—4　　印刷压力校正的要求

校正要求	说明
严格控制印刷压力的三要素	1. 准确的滚筒中心距 2. 滚筒表面质点的线速度必须相等 3. 最佳的橡皮布压缩变形值（λ）
正确掌握“双平”工作	1. 滚筒轴线相互平行 2. 滚筒上的橡皮布表面平整
印刷中途不得调节压力	印刷压力一经调整确定后，印刷中没有特殊情况，不能对中心距、橡皮布或印版内的衬垫物进行调整或更换
正确控制印刷压力的增减	在印刷中出现问题时，必须认真分析，找出有关可变因素，不得任意增减滚筒压力，若处理不当，则会破坏最佳压力值

三、橡皮布安装注意事项

包有橡皮布的橡皮滚筒是印刷设备中转移印刷品图文的重要装置，橡皮布的安装质量是影响印刷品质量的重要因素。安装橡皮布时应注意的事项见表1—4—5。

表 1—4—5　　橡皮布安装注意事项

要求	说明
橡皮布裁切成所要求的矩形	这是保证橡皮布均匀受力的关键，如果一边长，一边短，则装好后松紧就可能不一致
使橡皮布的边紧紧地靠在夹板里面的卡口上	这样可防止一边夹多，一边夹少，造成受力不均匀
张紧橡皮布时要先中间后两边	这样可防止被夹的边成波浪形。紧螺钉时一定要循序渐进，否则可能造成橡皮布在里面滑动
把橡皮布的夹子放在滚筒上张紧轴的凹槽内	将橡皮布安装在滚筒上时一定要注意把橡皮布的夹子放在滚筒上张紧轴的凹槽内，否则机器运转时，橡皮布的夹子会甩出来
橡皮布两边要用蜗轮蜗杆机构锁紧	蜗轮蜗杆机构具有自锁性，其防松可用橡皮布本身的弹性来实现，越紧自锁性越好

知识拓展

1. 橡皮布裁切注意事项

橡皮布在压印过程中，如果表面轴向不同位置受到方向或大小不同的力的作用，就会使橡皮布发生扭转变形，对图文形状、墨迹转移、套印准确度和橡皮布的使用寿命等造成不利影响。因此，在准备橡皮布时，特别要注意裁切方向。

橡皮布是由经向线和纬向线交织而成，受到相同的拉力作用时，经向伸长率比纬向伸长率小。橡皮布在绷紧时，伸长越多，胶层减薄现象越严重，这会导致橡皮布敏弹性降低、压力不均匀。因此橡皮布裁切时，要使橡皮布的纬向与版夹平行。

2. 橡皮布装夹机构工作原理

为了安装橡皮布与衬垫，橡皮滚筒的筒体半径比压印滚筒的筒体半径小 2～3.5 mm。在滚筒齿轮上设有长孔，用来调节橡皮滚筒、印版滚筒和压印滚筒在圆周方向的相对位置。橡皮滚筒上装有橡皮布的装夹和张紧机构。橡皮布的一端固定，另一端装在可以张紧的轴上，然后用棘爪或蜗轮、蜗杆进行张紧。

橡皮布是和铁夹板一同装拆的。如图 1—4—10 所示分别为单面胶印机橡皮布的装夹机构和张紧机构。在装夹机构中，铁夹板（1 和 2）上有齿沟，通过紧固螺钉 3 将橡皮布咬紧。张紧轴上有凹槽和卡板 4，用以固定铁夹板。装橡皮布时，先推开卡板 4，使铁夹板 1 的凸出阶台面嵌入轴 5 的凹槽，并把压铁板用力压向轴 5 的配合平面，卡板 4 在压簧 6 的作用下，自动钩住铁夹板 1，拆下橡皮布时，只要先推开卡板 4，取出铁夹板即可。在橡皮滚筒的咬口部位还设有衬垫的夹紧装置，衬垫靠压簧片 7 和夹板 8 夹紧，装衬垫时，推开压簧片放入衬垫后，压簧片便自动压紧。

橡皮滚筒右肩铁的外端面上装有橡皮布张紧机构，轴 5 上装有蜗轮 9，它与蜗杆 10 相吻合，用专用筒板转动蜗杆 10 的轴端，带动轴 5，以张紧或松开橡皮布。为了防止因振动造成的橡皮布松动，还设有锁紧螺钉 11，张紧橡皮布后，将蜗杆 10 锁住。

对于双面胶印机，橡皮滚筒上除了上面介绍的装夹、张紧机构外，在靠近滚筒咬口的部位还装有一套咬牙机构。其结构形式和开闭动作与 J2108 型胶印机压印滚筒的咬牙机构基本相同。

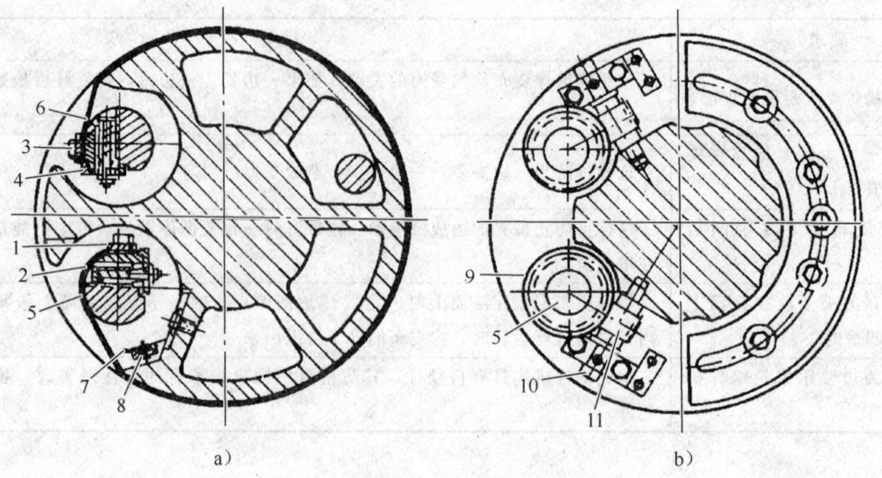

图 1—4—10　橡皮布装夹及张紧机构

a）装夹机构　b）张紧机构

1、2—铁夹板　3—紧固螺钉　4—卡板　5—轴　6—压簧　7—压簧片　8—夹板　9—蜗轮　10—蜗杆　11—锁紧螺钉

3. 纸张厚度变化时的滚筒包衬调节

纸张厚度发生变化时，可以调节橡皮滚筒和压印滚筒的中心距，这种调节方法虽然简便，但印迹变形大，对质量要求高的产品不宜采用。由前所述，要使印刷品印迹变长，需减少印版包衬厚度，反之，要使印迹变短，需增加印版包衬厚度。印张厚度增加，使印迹长度增加，此时可以适当增加印版的包衬厚度来限制印迹长度增加。0.5 mm 以下的纸张，印张厚度与印版包衬厚度同时增长的比例关系应是 2：1。例如，印张厚度增加 0.2 mm，印版包衬厚度应增加 0.1 mm。

4. 橡皮布的维护保养内容

(1) 经常、及时清洗橡皮布表面。

(2) 橡皮布洗涤完后，待机状态时，在其表面擦滑石粉。

(3) 停机时间较长时，应撤去外力，使橡皮布处于松弛状态。

(4) 橡皮布应避免与酸、碱等化学试剂接触，尽量少与光和热接触。

(5) 橡皮布应避免与硬物接触。

(6) 可定期更换、交替使用橡皮布。

任务实施

在单张纸单色胶印机上进行橡皮滚筒包衬的更换，并调出满足胶印印刷质量要求的最佳印刷压力，印出符合印刷品质量要求的印样。

一、橡皮滚筒包衬准备

1. 领取橡皮布和衬垫物

根据胶印机橡皮滚筒包衬组合类型的参数要求，领取橡皮布与衬垫物。

2. 橡皮布和衬垫物的质检

(1) 外观质量检查

橡皮布和衬垫物表面质地应均匀、滑爽、无杂质，织物层表面应光洁、平整、无线结等。

(2) 伸缩检测

橡皮布和衬垫物应经向扩张力小，伸缩率小，尺寸稳定。

(3) 厚度检测

用千分尺来测量橡皮布和衬垫物的厚度，在测量时应多测几个点，取其平均值。

3. 橡皮布和衬垫物的裁切

(1) 鉴别橡皮布底布的方向

橡皮布的底布是有方向性的，周向抗拉力大、伸长率小，轴向抗拉力小、伸长率大，裁切时一定要将抗拉力大的方向作为周向。一般橡皮布的底布上有箭头或色线示意周向拉紧力的方向。若没有标记，可用手拉来试，不易被拉伸的方向为周向。

(2) 裁切成矩形

橡皮布裁切前，首先按照机器滚筒面积的规格尺寸画矩形，并留有卷曲量。裁切橡皮布时，应按照作图线在切纸机上裁切，一方面准确，另一方面裁边光洁整齐。

(3) 毡呢的裁切

毡呢的裁切必须注意两个问题，一是丝缕与橡皮布相同，二是轴向裁切的尺寸每边要略小于橡皮布 10～15 mm，周向尺寸要小于橡皮布，但一定要超过滚筒周向长度 5～10 mm。

4. 冲定位孔眼装夹板

在裁切成矩形的橡皮布周向两端的边缘上，等距离冲上孔眼，冲孔不得歪斜，要具有一定的精确度。把橡皮布夹板置放在周向边两端并左右居中，用铅笔照板夹上的螺钉孔在橡皮布上画定位孔眼，用冲头冲孔，但冲头孔眼不要超过夹板螺钉孔直径。装夹板夹紧橡皮布，螺钉拧紧最好从中间向两边逐个进行，松紧程度应一致。

二、拆橡皮布

1. 在拆卸橡皮布前先用铅笔在橡皮布咬口位置做记号。

2. 点动机器，把橡皮滚筒转到拖梢的位置，用扳手松开紧固螺钉。

3. 用专用套筒拧动橡皮布的张紧轴，松开橡皮布的拖梢部分，把橡皮布拖梢夹板从张紧轴卡槽内抽出，连同橡皮布、衬垫物一起用手抓紧。

4. 反点车，把橡皮布和衬垫物退出至咬口的位置。

5. 取出衬垫，用专用套筒转动咬口橡皮布的张紧轴。

6. 退出橡皮布，然后用双手把橡皮布夹板从张紧轴卡槽内取出。

三、装橡皮布

1. 把印刷机点动到橡皮滚筒的咬口位置，把橡皮布夹的咬口部位装在橡皮滚筒上的卡槽里。

2. 用专用套筒转动卡槽轴，使橡皮布卷入张紧轴。

3. 到了画线记号位置，把衬垫物垫在滚筒与橡皮布之间，要求衬垫物要平整。

4. 按“正点车”键点动机器，把橡皮布包裹到滚筒表面至拖梢位置后，把拖梢方向的橡皮布夹装在橡皮滚筒张紧轴的卡槽里。

5. 用专用套筒转动张紧轴，使橡皮布和衬垫都均匀、紧密地包裹在橡皮滚筒的外表面。

6. 拖梢收紧后，点动回到咬口位置，把张紧轴拧紧，锁紧紧固螺钉。

四、印刷压力校正

印刷压力校正的目的就是检测更换橡皮滚筒包衬后的印刷压力是否符合印刷的质量要求，也是调试出最佳印刷压力的过程。常用印刷压力校正步骤是打满版→画地图→平整橡皮布表面→检测压痕宽度→调试出最佳印刷压力。具体操作如下：

1. 在墨辊尚未上墨前，把橡皮布衬垫的厚度减少 0.1 mm，这时的印刷压力比正常情况稍稍减轻了一点。

2. 开动印刷机并使印刷机处于合压状态下转动约半小时，目的是对橡皮布和衬垫物进行初步压平整理，使橡皮布及衬垫物较为平整。

3. 给墨辊均匀涂上便于观察的黄墨，墨辊上的墨量不宜过多。

4. 落下墨辊并转动机器，使涂有保护胶且平整的印版均匀地涂上黄墨。

5. 低速运转机器并使印刷机“合压”，印版上的墨迹就会转移到橡皮布上。然后让印刷机离压，这时候就可以观察橡皮布上的墨层是否均匀，如果出现有的部位墨层太薄或者没有油墨，说明那些部位不平整。不平整部位要用“画地图”的方法圈出并加以修补，使橡皮布达到平整。

6. 平整好橡皮布后装上测试前减去的衬垫，使印刷压力恢复正常，并在准确测量、记录橡皮布滚筒包衬厚度数据后，装好橡皮布。

7. 清洗印版和橡皮布。

8. 在准确测量、记录印版包衬厚度数据后，装好印版。

9. 在装好的印版上均匀地涂上满版黄墨。

10. 在印刷机处于“合压”状态时低速运转机器，使橡皮滚筒上的橡皮布也均匀地涂上黄墨。

11. 当滚筒转到印刷接触面的中段位置时，按“停止”刹车按钮，三个滚筒在刹车的位置会留下墨杠。

12. 测量墨杠宽度，比照在最佳印刷压力下用压痕宽度法测量得到的标准压痕宽度参数，对印刷压力进行进一步校正，最终调试出最佳印刷压力。

五、试印刷打样

依据本次试印刷打样用纸的厚度数据，对橡皮滚筒与压印滚筒之间的印刷压力做适当调整后，开机试印刷打样，印出符合印刷品质量要求的印样。

技能训练

1. 参照本任务中所给的橡皮布的质量检测程序和标准完成对所给的10块有缺陷橡皮布的质量检测，并出具质检报告。

2. 参照本任务中所给的程序和标准，在单张纸单色胶印机上完成橡皮布更换及印刷压力的校正操作任务。

思考练习题

1. 目前常使用的橡皮布及衬垫物有哪几种？
2. 橡皮滚筒包衬组合有哪几种？其特性是什么？
3. 裁切橡皮布时应注意哪些问题？
4. 印刷压力的测量计算方法有哪几种？
5. 橡皮布的安装步骤是什么？
6. 印刷压力的表示方法有哪几种？
7. 测量印刷压力的工具有哪些？
8. 调节印刷压力的方法有哪几种？
9. 简述印刷压力校正时的要求。

任务2 印刷压力管控中的故障分析

学习目标

掌握胶印机印刷压力管控中常见故障的原因和解决方法；能排除胶印机印刷压力管控中的常见故障。

任务引入

在单张纸单色胶印中，逐一分析并排除印刷压力管控中遇到的墨色不匀、印刷条杠等故障，印刷出符合印刷品质量要求的印样。

任务分析

墨色不匀、印刷条杠等故障是日常胶印印刷生产中较常见的由于印刷压力管控不当而引起的故障。处理该类故障的工作流程是：

观察故障表现特征→分析故障原因→确定故障解决方案→排除故障

相关知识

一、墨色不匀故障

1. 墨色不匀故障的概念

墨色不匀就是印张上的油墨分布不均匀，从而导致同一种颜色在印张不同位置上颜色不同（见图 1—4—11），或者同一批印刷品出现前深后浅、前浅后深的现象（见图 1—4—12）。墨色不匀是胶印过程中的常见故障之一。

图 1—4—11　同一印刷品墨色不匀

图 1—4—12　同一批印刷品墨色不匀

2. 墨色不匀故障的判断方法

在印刷生产中通常通过随机抽样和目测的方法去评价印刷品的墨色不匀故障，但是这种方法并不是很可靠。因此，在要求比较严格的包装印刷领域中，常利用色度计对同批同色色块作色度测量，并以同色标准色块的色度值为准，测算出同批同色色块的色差 ΔE。如果控制 ΔE 值在规定的范围内，就可以保证同一产品前后印张或同一样张相同处的颜色偏差不超过允许范围。在色度计测量过程中，必须注意：首先在“标准白板”上调零校准，而不是在白纸上调零校准。在测量时，待测印刷品应该放平，以确保测量头与待测色块紧密接触，减少测量误差。

知识拓展

国家标准《平版装潢印刷品》（GB/T 7705—2008）规定的平版彩色印刷品的最大允许色度误差见表 1—4—6。

表 1—4—6　　平版彩色印刷品的最大允许色度误差

指标名称	精细产品		一般产品	
同色密度偏差	$\sigma D \leqslant 0.050$		$\sigma D \leqslant 0.070$	
同批同色色度偏差	$L > 50.00$	$L < 50.00$	$L > 50.00$	$L < 50.00$
	$\leqslant 5.00$	$\leqslant 4.00$	$\leqslant 6.00$	$\leqslant 5.00$

二、印刷条杠故障

1. 印刷条杠故障的概念

印刷条杠是在胶印印刷品上出现与滚筒轴相平行的一条条过深或过浅印迹的一种印刷故障。印刷条杠分黑条杠（见图 1—4—13）和白条杠（见图 1—4—14）两种情况。白条杠是由于水多使墨没有印上或印得太少而造成的；黑条杠是由于墨量大使墨印得太多而造成的。

图 1—4—13 黑条杠

图 1—4—14 白条杠

印刷条杠是胶印生产中普遍存在的质量问题，也是一种比较难以处理的印刷故障。印刷条杠产生的原因，是由于胶辊之间、靠版辊与印版滚筒之间、印版滚筒和橡皮滚筒之间，或者橡皮滚筒与纸张之间受某些因素的影响而产生了微小的滑动，从而导致印刷压力改变，形成印刷品上墨色的条状变化。

2. 印刷条杠故障的判断方法

无论是文字印刷、网点印刷，还是实地印刷，都可能出现印刷条杠故障，但是以60％网点的平网印刷时最为明显，因此，人们通常把60％的平网版作为检测印刷条杠故障的重要手段。

任务实施

一、观察故障表现特征

仔细观察墨色不匀故障和印刷条杠故障的表现特征。

二、分析故障原因并确定解决方案

1. 墨色不匀故障的原因和解决方案

墨色不匀故障的原因和解决方案见表 1—4—7。

表 1—4—7　　墨色不匀故障的原因和解决方案

原因	解决方案
墨斗中的出墨间隙没有调节好，出墨量不合适，致使印刷品墨色不均匀，与校对样张有较大的偏差	按样张的图文分布情况重新调校墨斗的出墨间隙及出墨量，使之符合校对样张的色相要求
经过长时间印刷，墨斗被墨辊带回的纸毛、纸粉等杂物阻塞而不能顺畅传墨，导致印刷品墨色不均匀	用墨刀挑出这些杂物，如果情况严重，只能更换油墨
橡皮布表面的纸屑过多，影响油墨传递，造成印刷品墨色不均匀	清洗橡皮布

续表

原因	解决方案
靠版水辊因粘上太多油污或压力不均匀而导致供水不均匀，使印版水墨不平衡，造成印刷品墨色不均匀	清洗靠版水辊或调整水辊压力，使之符合正常供水要求
橡皮布在印刷过程中凹陷，造成印刷品墨色不均匀	垫补橡皮布凹陷处
单色或双色机在彩色印刷时，第一次印刷时喷粉过多，也会造成第二次印刷困难，出现墨色不均匀的现象	一般情况下，印刷前面3个颜色时不宜使用喷粉，否则很容易出现上述现象。上述现象出现以后，只能严格控制喷粉量
橡皮布质量不好，经过一段时间印刷后，弹性恢复不好，出现凹凸不平现象，造成印刷品墨色不均匀	更换质量好的橡皮布

2. 印刷条杠故障的原因和解决方案

印刷条杠故障的原因和解决方案见表1—4—8。

表1—4—8　印刷条杠故障的原因和解决方案

原因	解决方案
水辊的压力太大，与印版接触时产生的冲击也大，致使水辊冲击位置两侧的水量要比周围其他部位的水量大。水辊回转一圈后，水大的部位与印版接触，致使该处上墨的能力减弱，从而形成水杠	减小水辊压力
水辊不圆，高低不平，高的地方在与印版接触时会产生滑动，造成水量游积，形成水杠	更换水辊
墨辊的压力太大，冲击两侧的墨量增大，形成墨杠	减小墨辊压力
墨辊不圆，在与印版接触时产生滑动，造成墨量游积，形成墨杠	更换墨辊
印刷压力太大，滚筒在缺口和非缺口处转换时的冲击太大，致使滚筒产生振动，于是水、墨辊与印版滚筒表面也产生冲击，从而产生水、墨杠	减小印刷压力
橡皮布松弛，隆起在橡皮滚筒上，压印时产生滑移，形成条杠	更换橡皮布
橡皮布滚筒和印版的包衬不合适，造成橡皮布滚筒与印版滚筒表面滑移	减少橡皮布滚筒与印版滚筒表面的线速度误差
滚筒齿轮磨损或加工精度太低，在回转过程中出现不均匀，使水、墨辊和印版之间产生相对滑动，形成水、墨杠	更换齿轮或改变齿轮的啮合位置
墨辊轴承损坏，在印版上打滑，产生条杠	更换轴承
滚筒轴承磨损	更换轴承
齿面黏结油污或齿根部堵塞	清除污垢

三、排除故障

依据故障解决方案中给出的解决方案进行排除故障操作。

技能训练

1. 参照本任务中所学习的故障特征，在给定的印刷故障样张中找出墨色不匀、印刷条杠的印样，并写出故障原因分析报告。

2. 参照本任务中所学习的故障分析排除方法和程序，在单张纸胶印印刷模拟器上进行墨色不匀、印刷条杠等故障的分析和排除操作。

思考练习题

1. 胶印印刷中常见的主要因印刷压力管控不当而引发的故障有哪些?
2. 胶印印刷中如何避免墨色不匀故障的发生?
3. 胶印印刷中如何鉴别墨色不匀故障和印刷条杠故障?
4. 印刷条杠故障发生后应采取何种措施解决?
5. 胶印印刷中引起墨色不匀故障的最常见因素是什么?

项目五　单色胶印质量管控

学习目标

熟悉印刷品质量的二重性，熟悉单色胶印印刷品质量的检查步骤，掌握单色胶印质量标准及印刷品质量分级标准，掌握单色胶印质量管控方法和要求；能进行单色胶印印刷品质量检验和质量分级操作。

在印刷品加工中，正确把握客户的质量要求内容，是每个印刷生产者必须始终注意的首要问题。若要控制好质量，满足客户的需求，就必须使每个印刷生产者在清楚质量含义的基础上，牢固地树立质量的观念。

任务引入

按照印刷工艺单的要求，在单张纸单色胶印机上用 80 g/m^2 胶版纸印刷 3 000 张单色对开印刷品；参照国家胶印印刷品的相关质量检测标准，对本次单色胶印印刷的全过程进行全面质量管控；并依据单色印刷品质量分级标准将本次印刷的成品进行分类处理和保管。

任务分析

印刷品质量受到原稿质量、工艺设计、设备性能、原辅材料、加工工艺及操作技能的影响，若不进行全面质量管理和全过程的质量控制，就无法保证印刷品的质量。一般来说，印刷品加工全过程中的质量全面测控检验步骤为：

印刷前的检测→印刷过程中的检测和调整→印刷后成品检验→印刷品的保管

相关知识

一、印刷品质量的二重性

印刷品既是物质产品又是精神产品，因此印刷品质量的含义就存在不同于普通工业产品质量的特殊性，即它既具有工业产品的属性，又具有文化艺术品的特性。印刷品质量的这种特殊性称为印刷品质量的二重性。

1. 印刷品工业产品特性的范畴

印刷品工业产品特性的范畴通常包括经济性、保存性、使用性和防伪性等内容，见表1—5—1。

表 1—5—1 印刷品工业产品特性的范畴

特性	范畴
经济性	印刷是一种高速、连续式生产。印刷品加工期间变化因素很多，往往一出现质量问题就会产生成千上万张废品。在实际生产中，成品或半成品大量报废的现象时有发生。如：某厂印制一种720开幅面的小商标时，因在拼版印刷时未考虑到给印后加工裁切时留出足够的加工位置余量，结果几十万张印刷品全部报废 印刷品这种一出错则大批量报废的特点是显而易见的，因而其质量的经济性也就很突出了
保存性	印刷品是一种传媒的载体，其所记载的信息、资料、数据等都对人类的文明发展起到巨大的作用，因此它需要具有保存性。如图书馆收集和保存的印刷品
使用性	印刷品是要被使用的，因此具有使用性。不同印刷品的用途不同，从而表现为使用性的内容也各不相同。印刷品的使用性主要包括成品规格尺寸必须精确、外观整洁符合客户要求、成品符合客户的使用要求等 对印刷品使用性质量的影响，有些来自印刷过程，有些来自印后加工过程。如在加工套装包装盒时，就必须严格控制大盒和小盒的成品尺寸精度，否则就会发生大盒不能刚好填装规定数量的小盒的现象，造成由于印刷品使用性方面的问题而引起的质量事故。再如在给客户印制加工直接接触食物的餐盒或薯条盒等印刷品时，就必须考虑产品的卫生和环保方面的标准要求。此外，有些印刷品加工时还要考虑其应用时的耐用性（耐酸碱性、耐光性、耐水性等）。如街头招贴画等印刷品，用不耐光油墨印刷，很快就会褪色；肥皂包装纸如用不耐碱的油墨印刷，包装纸也很快会褪色。同一类书刊或成套的书裁切不一致，也不利于使用和保存
防伪性	证券、货币、证件、票据、商标等特殊印刷品必须具有防伪性，印刷中如果没有相当的质量和水平，就会为一些不法分子伪造仿冒带来便利。这类特殊印刷品印刷加工时都在工艺上采用多种措施，以防伪造。在普通印刷品中也有采用防伪印刷的事例，国际上通行的条形码印刷，也具有很强的防伪性

2. 印刷品文化艺术品特性的范畴

印刷品文化艺术品特性的范畴通常包括大众性、政治性、艺术性、美观性、时效性、机密性和严肃性等内容，见表 1—5—2。

表 1—5—2 印刷品文化艺术品特性的范畴

特性	范畴
大众性	印刷品是传播科学文化知识的媒介，是教育事业必须具备的物质基础，是装潢、宣传商品的一种手段。印刷品已经成为人们生活中不可缺少的一部分
政治性	报纸、期刊、书籍、文件等印刷品，具有宣传国家方针、政策的作用，是为政治服务的强有力的舆论工具。每个国家的权力机构都要牢牢地掌握这些舆论工具，使这些印刷品为巩固国家的政权而服务
艺术性	印制精美的印刷品本身就具有艺术性。尤其是复制古今中外的名书名画，更是需要通过印刷体现出艺术的魅力。如果复制失败，产品也就失去了意义
美观性	印刷品是否使读者赏心悦目、爱不释手，除内容外，原稿设计是否精美、版面安排是否生动、色彩调配是否鲜艳、装潢加工是否典雅大方等都是很重要的因素，所以印刷品具有美观性
时效性	报纸、期刊等印刷品具有时效性。这类印刷品是新闻事实传播的载体，其传播内容的时效性决定了其印制加工周期也必须要有时效性。如当日的报纸因没有及时印完而未能发行出去，就会很快变成废品

续表

特性	范畴
机密性	印刷品中有限制阅读的非公开出版发行的读物，有严防伪造的钞票、票据，有军用地图、科研资料，有未经使用的试卷等。从事这类印刷品生产的人员，必须“保守机密、慎之又慎”
严肃性	印刷品的种类繁多，涉及政治、文化、军事、科研等领域。印刷品的生产过程中，必须认真负责、严格校对，使其按照原稿准确无误地印刷出来，不允许有半点差错，否则造成的后果不堪设想。如在地图印刷中，哪怕一根线条、一个色块发生问题，都可能引起国际纠纷

综上所述，正确分析、把握印刷品质量的二重性是非常重要的问题。任何一件印刷品，不管印得如何精致，只要不能达到客户所要求的质量，那么该件印刷品的产品质量就是低劣的。因此，在印刷品生产加工时，生产者必须要全面分析所要印制的印刷品应具有的印刷品质量二重性方面的内容，从而最大限度地避免因质量问题造成废品，引发损失。

二、单色印刷品质量标准

印刷品的评价往往以人们目测评价为准，但各企业又有其具体的评价方法和数据标准。对于平版胶印印刷品质量的评估，现有国家行业标准《平版印刷品质量要求及检验方法》（CY/T5—1999）和国家标准《平版装潢印刷品》（GB/T7705—2008）作为评判印刷品质量优劣的参考依据。由于印刷品存在质量的二重性，因此目前对印刷品质量的评判一般是综合经验定性质量标准和科学定量质量标准两方面的因素加以评定。

1. 单色印刷品的定性质量标准

在生产实践中，人们根据印刷品的外观，在没有检测手段的条件下，凭借感觉，按照实际经验评定印刷品质量，称为经验定性质量。这种没有数据为依据的经验，掌握不了产品质量变化的规律，只能在印刷结束后进行评定。定性质量标准的内容包括印张外观整洁、印刷品文字和图像正确、网点再现性好、阶调层次清晰度符合原稿要求、批量同一性强。

（1）印张外观整洁

印张上会有影响正常印迹表现力的多种因素。这些因素存在的情况构成了印张的外观，无妨碍印迹表现力因素的为外观良好，有妨碍印迹表现力因素的则为外观有问题。印张外观还存在程度上的差别。影响印张外观的因素有画面墨色深浅程度均匀一致性、墨屑（墨皮）、粘脏、擦脏、油渍、掉毛脱粉、油墨墨层光泽、文字缺笔断道，以及纸张褶皱和破洞。

（2）印刷品文字和图像正确

确保印刷品文字和图像的正确性是不容置疑的。正确性主要要求印刷品的印刷位置和内容正确无误。这方面出现问题就不是一般的印刷优劣问题，而是差错。对于任何印刷品，差错都是不允许的。例如，某企业为客户印制产品说明书，在全部印完后发现其中一幅图有误，结果只好重印，已印好的产品说明书只能全部作废。

（3）网点再现性好

网点再现性好表现为印刷品上图像的网点必须光洁、清晰、无毛刺，因为印刷品的调子（也称阶调，是指图像的浓淡）是通过网点来表现的。调子再现依赖于高质量的原版网点调子和网点调子转印。在转印过程中，网点（构成印刷品上半色调图像的基本元素）的扩大或缩小对调子再现是起决定性作用的。

印刷条件引起的网点面积变化，以中间调最敏感。但是观察图像调子变化程度，则以低调和高调处更便利。

最精细的印刷品，其网点为90％的调子与实地都能区别得出。较好的印刷品，其网点为90％的调子可能变成了实地，但网点为80％或85％的调子仍清晰可辨。一般的印刷品，其网点为80％的调子变为实地。较差的印刷品，其网点为70％的调子都与实地难以区别。

在有11级网点梯尺图的印刷中，网点变化会一目了然。人眼对明亮部分特别敏感，因此高调部分调子表现应当比低调更加丰富，高调部分的网点变化则更细腻。一般印刷品至少能表现网点为5％（半成）的调子，精细的印刷品能表现的高调网点百分比比5％更小，最精细的印刷品甚至能表现网点为0.5％的调子。一般用10倍左右的放大镜观察网点的再现性。

（4）阶调层次清晰度符合原稿要求

图像的调子再现完全是图像原稿印刷复制范畴内的事。印刷时应当忠实地把原稿中各级调子复制出来。原稿的调子大体分为低调、中间调和高调。低调增加了，中、高调减少了，整个印刷品就偏暗；高调增加了，中、低调减少了，整个印刷品就“轻浮”；高、低调增加了，中调减少了，整个印刷品就空虚；中调增加了，高、低调减少了，整个印刷品就平淡。

（5）批量同一性强

印刷品复制常常是大量的，批量同一性就是要求同一批印刷的所有印刷品都是同一个样子。印刷品的印量多种多样，少则几十份、几百份，多则几万份、几十万份，甚至上百万份。无论批量大小，都有同样的要求。

批量同一性不仅与印刷品本身的质量密切相关，还标志着生产过程的稳定性。所以，批量同一性是一个操作者、一台印刷机，以至一个印刷企业质量和水平的象征。有很多印刷品，印量都很大，如大型的报纸、期刊，普及通用的工具书，中、小学课本，具有悠久历史的名优商品包装，还有邮票、纸币等，它们的批量同一性是使用要求。

2. 单色印刷品的定量质量标准

在有仪器设备的条件下，可以用定量数据来反映印刷品质量。单色印刷品的定量质量标准一般包括光学密度值标准、套印准确和图文尺寸标准。

（1）光学密度值标准

以文字为主的单色印刷品（如书籍、期刊）的光学密度值标准为：以常用五号宋体“的”字为准，精细产品的密度为0.25～0.35；文言文以“者”字或相同笔画的字为准，密度数据同“的”字。以图像为主的单色印刷品（如黑白图片或画册）的光学密度值标准为实地密度0.90～1.30。

光学密度受到墨层厚度和油墨浓度的双重影响。用光学仪器（如密度计等）测量油墨实地密度的数据，求得正确的给墨量和网点面积的变化关系。用光学反射密度计来鉴别印刷品的质量可以达到下列目的：

1）控制和检验墨色厚实程度和均匀度，检查印张的长度和宽度范围内的给墨量。

2）在正式印刷过程中，检查每批产品的墨量控制。

3）使打样样张和印刷品在阶调层次等方面均符合原稿要求。

4）保持网点光洁，层次清晰，测定油墨实地密度值，控制网点变化在允许范围内。

（2）套印准确

单色印刷品也存在套印准确问题（主要是正反面版心套印）。观察套印是否准确，是通过套印十字线进行的。各级标准中都规定了套印允许误差，印刷书页版面正反面套印允许误差为：精细产品小于 2 mm，一般产品小于 3 mm。在允许误差范围内都可称为“套准”。但在套准情况下，仍然有清晰度问题，那就是套印精度。只求套准，而没有很高的套印精度，只能是一般产品。套印十字线有粗有细，越细的十字线越有利于提高套印精度。

（3）图文尺寸标准

印刷品的尺寸应与要求的图文尺寸相同。尤其是一些特殊规格的产品，必须与要求尺寸相符，才能符合质量要求。印刷中各种可变因素都有可能影响原尺寸的精度，所以，在印刷中要准确度量、适当调节，使印刷品图文尺寸精度控制在客户允许的范围之内。

三、印刷品的质量分级标准

印刷品按质量不同可分为 3 级，即优质品、合格品和废品。具体评判标准如下：

1. 优质品标准

（1）印刷品文字、图像正确。

（2）印刷品图文尺寸符合客户要求。

（3）套印准确，误差应小于两网点之间距离的一半。

（4）网点饱满、光洁、完整。

（5）墨色均匀，层次丰富，质感强，实地平服。

（6）文字、线条光洁，边缘清晰、完整。

（7）印张无褶皱、无油腻、无墨皮，正反面无污迹。

2. 合格品标准

（1）印刷品文字、图像正确。

（2）印刷品图文尺寸基本符合客户要求。

（3）画面的主要部位套印准确。

（4）网点清晰、完整。

（5）墨色均匀，实地平服。

（6）文字、线条清晰、完整。

（7）印张无褶皱、无油腻、无墨皮，正反面无污迹。

3. 废品标准

印刷品质量不符合定性质量标准和定量质量标准的要求，产品外观有严重残缺或内容有缺陷，且客户不认可。

四、印刷品的保管

印刷品的保管包括两个方面，一是印刷样张的保管，二是印刷成品的保管。

1. 印刷样张保管的要求

产品印刷结束后，应立即整理产品的样张，包括打样的样张和付印签样样张。机台付印签样是印刷时的对照标准，分为单色样和叠色样。保管样张的意义是：保存备查、统一产品的质量标准和作为系列产品的参考标准。

（1）保存备查

印刷品印制完成后经检验整理、印后加工、裁切制成成品后打包交付客户。在此过程中如果对产品的图文、版式、色彩有异议，可以抽调保存的样张进行查对，分清责任。

（2）统一产品的质量标准

有时印刷品的数量很大，由于设备周围场地和印刷工艺技术的要求，往往分几批次才能印完。有时根据出版需要，同一印刷品过一段时间才印第二批或第三批，为了使同一印刷品在分批分阶段或在不同机台印刷时能保持同一标准，必须保存首次签样，以便重复印刷时照此印样付印，使产品质量有统一的标准。

（3）系列产品的参考标准

成系列的印刷品，虽然图文不同，但是色彩基调基本相似。比如日历、挂图、专题画册等，往往有相同的底色、边框等。在印刷时，后幅的样张要参考已经完成的系列产品，使它们在墨色的浓淡上保持前后均衡。否则在装订成册后，就会出现前、后页墨色浓淡不一的现象。

2. 印刷成品保管的注意事项

（1）印刷品结束印刷后，表面要覆盖若干层吸墨纸，标明印刷品的名称及“完成”字样，防止错乱。

（2）拼版印刷的产品，由于印刷中途各种原因会出现一部分符合质量要求，一部分不符合质量要求，此时可以用标签分隔并注明，以便日后裁去不符合质量要求的那一部分。

（3）不同版别同时印刷的产品，应注意不能将各版印刷品混淆而引起不必要的麻烦，甚至造成损失。

（4）从看样台上取下的印张，放置到成品中去时注意不要颠倒，正反面印刷的产品更需要注意，不能错放。

（5）刚印完的产品，上面不能堆放重物，防止粘连，影响产品质量。

（6）印刷成品应堆放在安全、干燥、整洁的地方，不能被碰撞，防止沾水和弄脏产品。

（7）看管好印刷成品，不能随意取用，防止数量短缺。

任务实施

按照印刷工艺单的要求，在单张纸单色胶印机上用 80 g/m^2 胶版纸印刷 3 000 张单色对开印刷品，参照国家胶印印刷品的相关质量检测标准，对本次单色胶印印刷的全过程进行全面质量管控，并依据单色印刷品质量分级标准将本次印刷的成品进行分类处理和保管。具体操作步骤如下：

一、印刷前的检测步骤

印刷前充分的准备工作是产品质量稳定的重要前提与条件。它不仅能使产品质量又好又稳定，而且能节约大量的人力和物力，提高经济效益。其主要内容是：

1. 检查所用的纸张

纸张的含水量、表面强度等要符合印刷作业的要求；纸张的白度、平滑度和光泽度要符合复制质量的要求。

2. 检查所用的油墨

油墨的流变特性要符合印刷作业的要求，油墨的颜色特性要符合复制质量的要求。

3. 检查所用的印版

印刷前必须仔细地对所用的印版进行检查，不符合印制要求必须重制。

4. 检查所用的润版液性能

对所用的润版液性能要心中有数，并根据印刷的各种条件，确定润版液的浓度和pH值。

5. 检查印刷机的主要部件

对印刷机的主要部件进行检查，特别是输纸器、定位部件、咬纸牙和收纸部件，并注意纸张的交接位置和交接时间。根据印刷条件合理调整滚筒包衬，使印刷压力处于最佳状态。根据印版和包衬厚度的变化调整着墨辊与着水辊的压力。确保印刷机的润滑油路系统通畅。

此外，还要准备好清洗用的擦布、清洗剂和各种辅助剂等，将印刷机调整到最佳工作状态。

6. 预调油墨和润版液在各印刷区域的用量

根据印刷条件，估计印版所对应各印刷区域的墨量和润版液量的多少，进行适当的预调工作。

二、印刷过程中的检测和调整步骤

印刷过程中的检测目前主要还是以目视检测为主，检测内容有以下方面：

1. 套印精度的检查

套印准确是印刷品质量的基本要求，所以每次都必须检查这项内容。具体包括：

(1) 检查整个图文在白纸上的位置

检查整个图文在白纸上的位置是否正确，同时还应经常取一叠印张，将这叠新印样放在原印样上面，闯齐后捻开，检查规矩线是否在一直线上。如此反复几次，观察左右两边及拖梢规线的准确性（没有对准的，应取出另放），以满足印刷品的裁切要求。

(2) 两面套印检查

对双面印刷的印刷品，应经常检查两面套准情况。

2. 图文内容和空白部分检查

对照付印样认真检查图文内容和空白部分，图文内容应正确、无墨皮、无纸毛，文字线条没有断笔。空白部分应不挂脏、无油腻、无小污点、背面无粘脏等。这些都需检查到位，不符合要求时，应及时处理后才能进行印刷。

3. 书刊页码的检查

必须根据付印样折页要求，检查页码是否正确，页面有无颠倒。

4. 网点质量检查

借助放大镜查看网点是否结实饱满、光洁完整。造成网点质量差的原因比较多而且复杂，例如，印刷压力与包衬是否正确、版面水墨平衡的状况、纸张表面状况及印版与橡皮布的状况等，都会影响网点质量。所以，当网点质量比较差时，必须仔细观察，分析判断原因，然后做出处理。

5. 墨色检查

在刚换墨时，一定要认真核对付印样，确认符合付印样要求，才能进入正式印刷。在平版胶印的印刷过程中，纸张、润版液、油墨与印版相互接触，变化较多，稍有不慎就会造成墨色不匀或其他故障，这对印刷质量有很大影响。因此，在印刷过程中，操作人员必须经常把刚印刷的印张取出检查。检查间隔时间越近越好，这样可使废品率大大降低。一般应在200张左右对照付印样检查1次，检查印张上油墨的色相、深浅及均匀度等是否符合要求。如果是分批产品或正反面印刷产品，还要注意批量间墨色的一致性或正反面印刷产品墨色的一致性。检查核对墨色时，要注意照明光源对印刷品墨色的影响。

实践证明，在印刷生产中实行“勤搅拌墨斗、勤看版面水分、勤检查印张质量”的“三勤”工作法，是平版胶印印刷过程中有效的质量控制措施。

三、印刷后成品检验步骤

各印刷企业都设有印刷后成品检验组。在剔除废页或不良印刷品的同时，其检查结果对改进下一次印制也有参考作用。

1. 单色印刷品成品检验的内容

（1）根据规矩线进行套准检查。

（2）判断整体质量（如图像阶调、套准、表面状况及干燥等），对不良品做记号（可折页或夹条），并及时抽出。

（3）检查印张是否够数，可以每500张夹1张纸条。

（4）检查是否掺入其他印刷品。

2. 单色印刷品成品检验的方法

（1）一般产品抽样查

一般产品可以采取抽样检查法。对同批产品开始检查时，如果连续30张合格，往下就每10张检查1张。此后，只要出现1张不合格品，就重新恢复连续检查。连续检查30张合格后，再恢复每10张检查1张。如此循环，直至终了。还可根据批量数和不合格数，记下该批印刷品的平均不合格率。

（2）精细产品逐张查

精细产品一定要逐张检查。大张单面产品要左、右、止、反翻查，俗称“翻两面”。

（3）密件、证券类单色印刷品要逐张全面细查

对密件、证券类单色印刷品，不但要逐张检查，而且要保证四角，缺一片角都不允许。每次上机前和下机后，要进行对角轮换点数检查。印齐后，再一次四角全排数。如有破缺，必须抽出作为专有废页单独保存呈报。

3. 成品检验的其他要求

（1）严把质量关，套印不准、墨色不匀、图文有明显弊病、规格不符、漏色、白页、脏页、大折角等印刷品，一律不得出厂。

（2）排数误差不大于2%，票证类不允许排数有误差。

(3) 不合格产品率小于6%（一般产品伸放率）。

四、印刷品保管步骤

1. 印刷样张的保管

印刷结束后，应分别将打样的样张和机台签样收集、整理、卷好，外面覆卷层保护纸，并写明样张的名称、封存日期、印刷机名称或编号，以备查用。

2. 印刷成品的保管

产品印刷完成后，立即在施工单上签上完成的日期与班次，并妥善保管好印刷成品，直至移交下一工序。

技能训练

参照本任务中所给的印刷品质量检测程序和标准，完成对所给定的5种2 000张单色印刷成品的质量检测，并出具质检报告。

思考练习题

1. 印刷品质量的二重性的含义是什么？
2. 单色印刷品质量标准包括哪些方面？
3. 单色印刷品的质量分级标准是什么？
4. 印刷品质量控制和检验的步骤是什么？

下　篇
四色机胶印彩色印刷品

XIAPIAN
SISEJI JIAOYIN CAISE YINSHUAPIN

近年来，伴随着越来越多的高新技术在印刷领域的运用，印刷生产所用的加工设备、加工工艺技术、加工时相关原辅材料的品质等都有了快速提升，越来越多的印刷企业能够满足各类客户在短生产周期内，高质量地印制加工完成批量各异且种类繁杂的彩色印刷品的需求。相对单色印刷品的印刷工艺，彩色印刷品由于普遍采用四色或四色以上的多色、高速带有中央控制操作系统的胶印机进行生产。因此，彩色印刷工艺在基本的工艺原理、工艺控制和工艺操作技能等方面，都较单色印刷品的印刷工艺增加了更多的内容，也提出了更高的要求。它与单色印刷品印刷工艺的差异主要体现在印刷前预调节、印版更换与套印、校色与质量管控和四色胶印故障分析等方面。

项目一　印刷前预调节

学习目标

熟悉图像复制成像原理，熟悉四色胶印机中央控制台的印刷参数预设置内容及要求，熟悉四色胶印色序设置原则，了解四色胶印机的上水、上墨调节内容及要求；能对四色胶印机中央控制台的印刷参数进行预设置，能对四色胶印机进行输纸调节操作，能判别调幅网点大小、线数、角度。

彩色印刷品的印刷一般采用四色胶印机，而四色胶印机一般带有中央控制操作系统。因此，在彩色印刷品的四色胶印作业时，可通过在胶印机中央控制台上对印件进行印件任务参数输入，辅助完成对胶印机输纸线路、水路、墨路等各机构的适应性预调节。

任务引入

在带有中央控制操作系统的四色单张纸连续式输纸胶印机上完成 3 000 张四开 128 g/m² 铜版纸的四色印件的印刷前预调节任务，并进行试印刷打样。

任务分析

在带有中央控制操作系统的四色单张纸连续式输纸胶印机上进行四色胶印印件的印刷前预调节的工作流程是：

胶印机中央控制台印刷参数预设置→四色胶印机输纸预调节→四色胶印机上水预调节→四色胶印机上墨预调节→试印刷打样

相关知识

一、图像复制成像原理

彩色图像既有丰富的浓淡变化，又有丰富的色彩变化。相对而言，胶印印版上并没有那么丰富的变化，只有图文部分与空白部分的区别。胶印印版上墨层的厚度一致，不可能根据原稿一一调配各部位千变万化的色彩。因此，印刷中对彩色图像进行复制时，要先对原稿彩色图像的阶调和色彩进行分解，再按照四色印刷工艺设计要求实现还原。

1. 图像阶调复制

图像阶调复制是通过对图像进行加网操作实现的。网点是构成印刷品上半色调图像的基本元素，一般按照构成图像的排列特征分为调幅网点和调频网点两种。网点对原稿的图像浓淡层次起到忠实临摹、传递的作用；网点在印版上是形成图文基础的最小单元；网点在印刷彩色组合中，决定着墨量的大小，起着组织颜色和图像轮廓的作用。

2. 图像色彩复制

图像色彩复制包括图像色彩分解和图像色彩还原两个阶段。

图像色彩分解是通过分色把原稿上所有色彩分解出三个原色版，把原稿中每一处的色彩都变成三原色墨。用蓝滤色镜，只让原稿中蓝光通过，最后形成黄版。用绿滤色镜，只让原稿中绿光通过，最后形成品红版。用红滤色镜，只让原稿中红光通过，最后形成青版。于是，原稿中的色彩就按三原色原理有规律地被分解开了。

图像色彩还原是指，将原稿色彩进行分解后，形成了黄（Y）、品红（M）、青（C）三个网点调子母版，然后将它们分别晒制成黄、品红、青印版，在印刷机上准确地套印，原稿的色彩就会在印刷品上还原了。

二、四色印刷工艺基本知识

1. 四色印刷工艺的概念

采用黄、品红、青、黑四色分色制版印刷工艺进行彩色印刷品复制生产的印刷工艺称为四色印刷工艺。四色印刷工艺是目前最主流的印刷工艺形式。

2. 运用四色印刷工艺的原因

根据减色法呈色理论，三原色油墨最大饱和度的叠合应该呈现黑色，同样道理，三原色油墨不同饱和度的等量叠合，也应该呈现不同明度的灰色。由于实际生产中所使用的油墨，在色相、明度和饱和度方面都存在着制造上难以克服的缺陷，使得等体积的三原色叠印并不能获得中性灰色，而是稍带茶褐色的灰色。四色印刷工艺中除了黄、品红、青三原色印版外，还设计加入了黑版，由于黑版能够轻而易举地表现灰色系，从而消除了黄、品红、青三原色墨等体积叠合时灰色系的不平衡，在图像彩色还原中产生纯正的黑色，明显提高了图像的反差。因此，采用黄、品红、青、黑四色印刷工艺就成为彩色印刷工艺的首选手段。

三、四色胶印机中央控制台印刷参数预设置内容及要求

带有中央控制操作系统的四色胶印机是彩色印刷品印刷中采用较多的机型，可通过中央控制台在印刷作业前对印件进行印刷参数预设置。虽然由于胶印机品牌和型号不同，其各自的中央控制操作系统程序设计有所不同，可以预设的印刷参数内容也存在差异，但其主要的预设功能还是基本相同的，具体预设功能见表 2—1—1。

表 2—1—1　　四色胶印机中央控制操作系统的主要预设功能

功能项目	内容
印件基本信息设置	依据印刷施工单的要求，对印件名称、客户名称、印刷时间和交货时间等都可以做详细记录并存档
输纸调节参数预设	根据印件用纸的长度、宽度、厚度、定量、种类和数量等信息，对输纸部分的尺寸、收纸部分的尺寸、前规的高度、侧规的位置、双张控制器的控制量、歪张和空张控制器的控制量等项目进行预先设置
印刷压力调节参数预设	根据印件用纸的厚度，进行印刷压力预设

续表

功能项目	内容
输墨调节参数预设	根据印件的画面结构和尺寸规格，预先调节墨斗键的开度值和墨斗辊的转速等。有的机型还可以通过改变传墨频率来控制到达印版墨量的多少
输水调节参数预设	根据印件的画面结构和尺寸规格，润版液供给量可通过预调水斗辊转速来设定，同时还可以预设定的内容有润版液的成分配比和紧急加水供水量，以及润湿模式等

四、四色胶印机输纸预调节内容及要求

1. 输纸调节

带有中央控制操作系统的四色胶印机的输纸调节相对比较简单，只需按照印刷施工单的内容，将印件用纸的长度、宽度、厚度、定量、种类和数量等信息输入中央控制操作系统后，在胶印机输纸线路上所涉及的各机构工作位置归零的状态下，开启四色胶印机的中央控制操作系统，就会自动将输纸部件、收纸部件、规矩部件、双张控制器、歪张和空张控制器等项目按预先设置尺寸调整到最适合本次印刷的位置。需要注意的是，有些胶印机输纸架上的前压纸轮和毛刷轮的位置只能依据印刷用纸的尺寸进行手工调整。

2. 装纸调节

对印刷用纸的检查和相应的纸张整理（闯纸、敲纸、搬纸、堆纸）操作的规范性，是装纸后保证纸张顺利、平稳输送的关键。具体要求如下：

（1）纸张检查

纸张的裁切质量直接影响输纸的顺利进行和规矩定位的准确性，在堆纸之前应检查纸张的裁切质量。对印刷用纸的裁切要求是纸张的四角应该成直角，四边尺寸误差小于 2 mm，上、下刀之间误差小于 1 mm，纸张中的折角、碎纸、烂纸、皱纸和脏纸应取出更换。如发现纸面凸起的现象，要认真检查纸堆里面是否有纸浆块、杂物等，避免杂物进入机器损坏橡皮布、印版，甚至损毁机器。纸张的印刷适性是影响印刷质量的关键因素之一，检查纸张时，应根据纸张的实际情况，采取恰当的措施，必要时可以通过调整油墨、润版液保证印刷顺利进行。

（2）薄纸要进行敲纸处理

对开以上规格、挺度较差的薄纸会对分纸和输纸造成一定困难，因此要对其进行敲纸处理。纸张经过敲纸处理后，除可增加纸张的挺度，克服纸张翘曲变形外，还可以在一定程度上纠正纸张因变形、不平服而引起的套印问题，确保生产的正常进行。

（3）闯纸处理

闯纸处理的目的是使待装的纸张松透，消除白纸或半成品印张之间的粘连现象。闯纸时动作要灵活、轻巧，不能生拉硬扯，撕破纸张，同时尽量避免在纸张前规、侧规的定位边闯纸，以免纸边卷曲或损坏，引起套印不准。

（4）堆纸

堆装完成的纸堆，咬口与侧规的定位边应平展、整齐，手摸无明显的凹凸感，纸堆表面平整，无波浪形起伏。

3. 输纸检测

输纸检测是指在胶印机“离压”状态下，开机将装好的印刷用纸试输送至收纸部分的过程，其目的是检测胶印机自动输纸的调节质量。输纸检测是试印刷打样操作的重要一环。

五、四色胶印机的上水预调节内容及要求

上水是指在试印刷开印之前对水辊涂以印刷所需的适量水分。版面所需水量的大小，决定着水辊给水量的多少。它直接关系到印刷过程中的水墨平衡问题，对印刷品质量具有很大的影响。版面水量大小的确定，应结合具体情况，全面考虑以下各种因素：

1. 版面墨层厚度、图文面积及分布情况。
2. 版面图文特征。
3. 油墨乳化值的大小。
4. 润版液的 pH 值。
5. 纸张的性质。
6. 印刷速度、环境温湿度及周围空气流动情况。
7. 同一版材版面砂眼的粗细。
8. 印版的种类及新旧程度。

六、四色胶印机的上墨预调节内容及要求

上墨又称为“打墨”，即指在试印刷开印之前对墨辊涂以印刷所需的适量墨层。四色胶印机的上墨预调节内容包括确定印刷色序、调节各色组的印刷墨量。

1. 印刷色序的确定

(1) 色序

彩色印刷品上千变万化的丰富色彩都是由几个基本色相的油墨叠印而成的。各色油墨叠印的次序称为色序。

印刷过程中，使用不同的纸张、油墨或不同类型的机器都会使同一产品、同一色序产生不同的印刷效果。合理安排印刷色序，是印刷色彩还原时实现中性灰平衡的重要措施。只有在中性灰平衡的基础上，才有可能使印刷品达到最佳的色彩效果。

知识拓展

中性灰平衡及其意义

在一定的印刷条件下，黄、品红、青三原色版，从浅到深按一定网点面积比例组合套印，获得不同亮度的消色（白、浅灰、灰、深灰、黑的总称），称为中性灰平衡。

印刷品上的色彩是由黄、品红、青三原色油墨按一定比例组合而成的。要使原稿色彩正确再现，就必须保证三原色墨量的比例关系准确（网点配比准确）。印刷品上的色彩千变万化，丰富多彩，人的眼睛很难对每一种颜色进行准确检查和控制。但如果在中性灰部分稍带有色彩，使中性灰不平衡，人的眼睛很容易分辨。因此，只要控制画面上灰色部分的平衡，就能间接控制整个画面的色彩平衡。

(2) 影响色序安排的因素

影响色序安排的因素见表 2—1—2。

表 2—1—2　　影响色序安排的因素

因素	分析
原稿的色彩氛围	不同原稿有不同的色彩氛围。有的偏冷色调，如蓝天白云、青山绿水；有的偏暖色调，如日出日落、丰收喜庆等。一般来说，画面上的主色调颜色安排在后面印刷，有利于表现原稿的色彩氛围
纸张的性质	对质量差的纸张，可先印明度高的黄色墨，后印明度低的色墨，以减少纸张拉毛、脱粉对印刷品质量产生的影响
油墨性质	明度低的色墨先印，明度高的色墨后印，透明度低的色墨先印，透明度高的色墨后印，以最大限度表现墨层叠印后的色彩效果
印刷图文情况	一般原则是印刷图文面积大的色墨后印，墨量大（墨层厚）的色墨后印，有实地块的色墨后印，有专色边框的色墨后印
套准要求	对结构疏松、易伸缩变形的纸张，先印黄色墨（第一次印刷后变形最大），后印深色墨，有利于深色墨之间的套准。对于使用时间很久的多色机，往往有某一组或两组精度不高，应避开图文的主要部位或敏感部位的色版，否则很容易产生双影
印刷机类型	单色机印刷为干叠印（一个颜色印好后，在墨迹基本干燥的情况下叠印第二个颜色），多色机印刷为湿叠印（一个颜色印好后，在不到 1 s 的时间内，第二个颜色就叠印上去），在叠印率上有较大差异。对于多色机，除以上要考虑的因素外，还要考虑如何得到相对较高的叠印率

知识拓展

叠　印

油墨叠印到油墨上的叠印方式是多色印刷特别是彩色连续调原稿复制印刷中必然要遇到的形式。这种叠印方式中，存在着两种不同的情况：一种是干式叠印，一种是湿式叠印。

1. 干式叠印

色与色之间的印刷间隔时间较长，前一色油墨已经固着，才叠印后一色油墨。这种叠印是以“湿叠干”的方式进行的，即后一色油墨印在已“干”了的前一色墨膜上，叫作干式叠印。

干式叠印时后一色墨不能叠印在完全干燥结膜的前一色墨膜上。干式叠印对先印墨膜的要求是其必须保持一定的润湿性，使后印的油墨能附着在上面。同时还应保持一定的黏性，对后印油墨的吸附力大于后印油墨的内聚力。

干式叠印的关键在前一色墨的“干”字。若未干，则会导致混色故障；若干过头，因干固的油墨层黏性和润湿性都很差，会导致后一色油墨很难附着，使后一色油墨无法印上完整的图文，只有不完整的墨斑的油墨晶化故障，如图 2—1—1 所示。

图 2—1—1　油墨晶化故障

2. 湿式叠印

色与色之间的印刷间隔时间很短，几乎没有干燥时间，油墨的叠印以“湿叠湿”的方式进行，这种叠印方式叫作湿式叠印。

湿式叠印能顺利进行的条件是前一色油墨的黏度必须大于后一色油墨的黏度，否则就会发生印刷油墨混色故障。

(3) 常用印刷色序

常用印刷色序见表2—1—3。

表 2—1—3 常用印刷色序

机型	色序	确定色序的原则
单色胶印机	黄→品红→青→黑	1. 印刷面积大的色版先印 2. 透明度低、遮盖力强的油墨先印 3. 浅色调先印，深色调后印 4. 主色调先印，次色调后印
四色胶印机	黑→青→品红→黄	1. 印刷面积小的色版先印 2. 次色调版先印 3. 黏度高的油墨先印 4. 透明度低的油墨先印
双色胶印机	黑→黄，品红→青	1. 将印刷面积小的色版、副色版放在第一色和第二色，将印刷面积大的色版、主色版放在第三色和第四色 2. 将图像印刷面积重叠较少的两色编在同一组印刷。这样可减少混色现象 3. 将印刷精度要求较高的两色编在一组印刷。这样可以避免纸张变形的影响，保证套印准确性

1）单色胶印机色序的确定。先印黄墨，是长期以来单色胶印机常用的色序和工艺习惯。主要原因是黄墨的透明度低，见光后易褪色；此外，纸张拉毛、脱粉严重，先印黄墨可起打底的作用。而且黄墨是弱色，第一次印刷后纸张伸缩最大，先印黄墨有利于后三种强色之间的套准。这种色序也有许多不利的方面，如墨色的深浅不易掌握、黄墨用量大，以及产品上的墨皮、纸毛或橡皮布损坏引起的质量弊病不易被发现等。

随着黄墨透明度不断改善，单色胶印机现在常用色序是黑、品红、青、黄，使叠印后的色彩鲜艳、明亮、有光泽，色相易掌握，产品质量问题易发现，同时能减少黄墨用量，节约成本。这种色序的缺点是对纸张的质量要求比较高。

单色胶印机印刷是干式叠印，新印的墨膜附着在前一色基本干燥的墨膜上。分离时，墨层基本在新印墨膜的中间断裂，即一半留在橡皮布上，一半叠印到纸张上，叠印率相对比较高。如果是墨量不大、淡调为主的印件，一般色序排列上的差别对产品产生的影响不大；如果是颜色饱和度较高的印件，色序变化对产品会产生较大的影响。

2）四色胶印机色序的确定。四色胶印机印刷是湿式叠印。前一色油墨印上后，新一色油墨马上就叠印上去。墨膜在湿的状态下相互附着、分离。新印的油墨附着在前色未干的墨膜上，分离时，墨层一般在两色油墨叠合的中间断裂，新印的油墨大部分留在橡皮布上，少部分叠印到纸张上，叠印率相对较低。如果处理不当，甚至会发生“逆叠印”现象，进而引起混色故障。因此，确定四色胶印机印刷色序，除了需要综合考虑前面所谈的各项因素外，还需要考虑如何防止“逆叠印”，提高叠印率。

为了使每一次湿式叠印后的墨膜分离尽可能发生在偏橡皮布这边，四色胶印机色序安排应让墨层厚度逐色增加。油墨的密度与墨层厚度有密切关系，油墨密度与墨层厚度的转换计算与实验结果表明，大多数印件四色油墨的墨层厚度关系为：

黑<青<品红<黄

此外，油墨的黏度对湿式叠印的叠印效果影响也很大。显然，先印在纸张上的油墨黏度应大于橡皮布上的油墨黏度，即油墨黏度应逐色下降。一般情况下，四色胶印机大都使用黑、青、品红、黄的印刷色序。但如果是以黑版为主的产品，或底色去除量较大的产品，一般保持青、品红、黄的色序不变，黑色作为游动色排最后，并用适当的助剂调节油墨的黏度和黏性。四色胶印机印刷效率高，对油墨的要求也相应提高。不透明的油墨不能用于四色胶印机印刷。

知识拓展

四色印刷油墨的黏性顺序主要靠原料制备确定，而不是靠使用者调配。使用者只能就个别墨作适量调整，或者对四色墨作必要的等量调整，以保持黏度顺序的可靠性。不得中途对个别油墨添加辅料，这样会打乱四色油墨的既定黏性顺序。特别注意不得添加干燥剂，这样做对油墨黏性有破坏性影响。即使要添加干燥剂，也只能在最后一色墨中添加。为避免背面反粘现象，可启动喷粉装置。一般四色胶印机在收纸部分均配有喷粉机构。

3）双色胶印机色序的确定。双色胶印机印四色印刷品的过程是混合叠印，既有干式叠印，又有湿式叠印。第一色和第二色之间、第三色和第四色之间是湿式叠印；第二色和第三色之间是干式叠印。它的色序安排应分别遵循湿式叠印和干式叠印的规律。

2. 调节墨量的要求

调节墨量时，应注意以较小的墨斗间隙与较大的墨斗辊转角相配合。正确确定版面墨量大小，是确定上墨量大小、控制水墨平衡、控制印刷品墨色的重要条件。墨量大小，应视产品及印刷工艺要求综合考虑，要全面考虑以下各种因素。

（1）版面墨层厚度和图文面积大小。

（2）版面实地块、文字、线条、网点块等的分布情况。

（3）加网线数的高低。

（4）纸张表面的平滑度和吸收性。

（5）版面水量大小对墨色的影响。

（6）油墨黏度、流动性和着色力。

（7）印刷速度和车间的环境。

（8）原稿的艺术特征。

知识拓展

上水与上墨的基本原则

上水与上墨在操作上虽然是截然不同的两个概念，而且这两种操作也并非必须同时进行，但在胶印印刷过程中两者却有着密切的联系，它们相互影响、相互制约。水小、墨大容易出现印版脏、糊等质量问题；水大、墨小则容易引起严重的印版浮脏，导致印迹空虚、墨色虚淡、轮廓不清、干燥缓慢等质量问题。因此，在上水或上墨的同时，必须考虑墨量或水量的大小和变化。对于采用普通水润版的胶印机，当其更换新水辊时，一定要把水辊绒套清洗干净，清除水辊绒套上的飘浮绒毛。水辊要保持一定的贮水量，若水辊没有更换，可以根据版面的用水情况按“水开”按键，使水辊正常匀水、供水。使用酒精润版装置的胶印机则要注意水斗辊、传水辊的清洁。如果水斗辊、传水辊有油墨等脏污，同样会引起供水不稳定，造成产品质量问题。因此要注意定期清理酒精润版系统的过滤网，保持酒精润版系统循环通畅。

七、试印刷打样

试印刷打样是根据印刷施工单、付印样的要求为正式印刷提供开印依据而进行的准备、检查、调节等各项工作的总称。试印刷不仅能为正式印刷创造条件，提供依据，而且也是对上述各项准备工作的一次检验。

知识拓展

付　印　样

付印样是由打样工序提供并经过校对批准上机印刷的印刷标准样。付印样有全色样、套色样和单色样之分。全色样一般应经过客户签字确认。付印样使印刷质量标准更加具体化，它是校正版位、掌握图文墨色、校对图文内容和衡量印刷品质量优劣的重要依据。因此接到某一新印件的印刷施工单和付印样后，必须仔细审阅印刷施工单的各项要求，严格实行按样印刷。审阅付印样的要点是：付印样是否有经过主管部门或客户同意付印的签字；通读校对文稿；核对付印样的规格尺寸要求，检查上机印刷用纸的规格尺寸；正反面印刷的产品，检查咬口是否一致，正反面图文是否对应，页码是否正确；清楚整个付印样的墨色及重点是什么色，印刷难度较大的是什么色，印刷过程中应采取哪些工艺措施等；保持付印样清洁并且妥善保管，印刷完成后，付印样与印刷施工单一起交到下工序的主管部门。

任务实施

在带有中央控制操作系统的四色单张纸连续式输纸胶印机上完成3 000张四开128 g/m^{2}铜版纸四色印件的印刷前预调节，并进行试印刷打样的具体步骤如下：

一、四色胶印机中央控制台印刷参数预设置操作步骤

1. 阅读印刷施工单，核查付印样

（1）了解本次印件的名称、成品规格尺寸、印刷开数、质量要求和生产周期。

（2）了解印刷所用纸张的名称、规格、定量、数量、印刷正数、印刷加放数和其他加放数。

（3）了解印刷所用油墨的名称、型号、数量和印刷适性等。

（4）了解本次印件的印刷工艺方法、咬口尺寸、印刷色数、色序安排和作业过程中的数据标准。

（5）熟悉本次印件产品印后加工对印刷的要求。

（6）清楚承印本印件的机台及责任人。

（7）付印样的核查。

2. 印刷参数预设置

在胶印机中央控制台上进行印件基本信息、输纸调节参数、印刷压力调节参数、输水调节参数、输墨调节参数等印刷参数的预设置输入操作。

二、四色胶印机输纸预调节操作步骤

1. 将四色胶印机输纸线路上所涉及的各机构工作位置归零。

2. 在中央控制操作系统的辅助下，完成四色胶印机的输纸调节。

3. 在对本次印刷用纸进行质检和印刷适性处理的基础上，完成装纸操作。

4. 在四色胶印机“离压”状态下，开机进行输纸检测操作。

三、四色胶印机上水预调节操作步骤

1. 通过对印刷品的估算，暂时确定水斗辊的旋转角，使其供水量在25%～30%（正常印刷时应根据版面供墨量和供水量的大小和变化再做相应调整）。

2. 按住“快速加水”按键，使水斗辊以设定的转速向印版版面供水。

四、四色胶印机的上墨预调节操作步骤

1. 向墨斗内加入印刷油墨。

2. 调节墨斗间隙，使整个墨斗的出墨间隙处于印件的出墨平均值，将中央控制台预设好的油墨键开度值和墨斗辊转速值从系统里调出来应用。

3. 摇动墨斗辊转动手柄，观察墨斗辊分布情况。如果墨层不均匀，可以进行相应调整，直至调均匀为止。

4. 根据印版上图文分布情况，对墨斗间隙进行相应的调整

（1）版面图文多的地方和实地处，墨斗间隙相应开大一些。

（2）版面图文少的地方和高调处，墨斗间隙相应关小一些。

（3）在胶印机中央控制台上将印版两端（靠身与朝外）版面空白处对应的墨斗间隙关小，但是不能完全关闭，以墨斗辊有一层很薄的油墨并且在墨斗辊上不明显为宜。

5. 在保证安全的情况下，用墨刀在传墨辊的两端加一点油墨，使传墨辊的两端具有一定的墨层，从而保证印版角线、十字规线的印刷效果，并且不影响图文处墨辊上的墨量。

6. 在四色胶印机中央控制台上执行中央控制操作系统中的预打墨操作程序，完成对墨路系统各墨辊的预上墨工作。

7. 确定墨斗辊的旋转角。通过对印刷品的估算，暂时确定墨斗辊的旋转角（正常印刷时应根据版面供墨量的大小和变化再做相应调整）。当版面所需墨量较少时，可以将墨斗辊旋转角度暂时定为5%～10%，偏大墨量的暂时定为15%～20%；较大墨量的暂时定为25%～30%（这与墨斗间隙有密切关系，间隙大，旋转角度相应减小，间隙小，旋转角度相应要增大）。

五、试印刷打样操作步骤

1. 开动印刷机，机器运转后按“供水”和“供墨”按键，然后按“增速”键提高印刷机的转速至定速。

2. 空车运转数分钟，使水墨更均匀。停机后，用印刷专用海绵吸水后擦洗印版，把印版上的保护胶清洗干净。

3. 对印版上墨。开动机器，在机器运转过程中压下靠版水辊，使印版均匀湿润。然后压下靠版墨辊，让机器加速运转数周后，停机观察印版图文上墨情况。如果图文部分上墨情况不理想，可再用湿海绵对整个版面揩擦一次后进行第二次上墨。

4. 开机合压输纸进行试印刷操作，对印刷前预调节的各项准备工作进行检验。

技能训练

1. 在带有中央控制操作系统的四色单张纸连续式输纸胶印机上，参照本任务中自动输纸预调节操作的工作流程、操作方式和标准，完成四开 80 g/m^2 铜版纸的输纸调节任务，并开机自动、准确、平稳地输纸 30 张。

2. 参照本任务中上水、上墨预调节操作的工作流程、操作方式和标准，在带有中央控制操作系统的四色胶印机上完成上水、上墨的印刷前预调节操作。

思考练习题

1. 在四色胶印机中央控制台上主要能做哪些印刷前的功能预设？
2. 安排印刷色序一般考虑哪些因素？
3. 比较单色胶印机常用的两种色序的利弊。
4. 四色胶印机一般怎样安排色序？为什么？
5. 双色胶印机色序的确定原则是什么？

项目二　印版更换与套印

学习目标

掌握四色印版质量检测内容，掌握挂订法印版更换程序及要求，掌握套印操作程序及要求；能鉴别四色印版的版别，能使用挂订法进行换版操作，能进行四色印版套印操作。

在印刷中，对彩色图像原稿的复制是按照图像复制成像原理进行工艺设计和操作的。彩色图像原稿分色处理得到的满足四色印刷复制工艺要求的黄、品红、青、黑四块分色印版后，必须通过印刷机将四块分色印版上的图像依次转印到承印物上的相同位置，完成套印，才能得到彩色印刷品。由此可知，彩色印刷中各色之间准确无误的套印是彩色印刷品最重要的质量标准之一。套印操作是每一个多色印刷操作人员所必须具备的最基本技能。

任务引入

在带有 CP2000 中央控制操作系统遥控操作台的海德堡 SM102 型四色胶印机上，完成印版更换与四色印刷套印时的印版校正工作，并试印刷出四色版面图文位置套合准确的印样。

任务分析

四色印刷中的印版更换与套印工作包括了从印版准备到按要求用新的四色印版印出版面图文位置套合准确的印样的全过程操作。本次任务要求在采用挂订法换版的四色胶印机（海德堡 SM102 型）上完成，其具体的工作流程是：

印版准备→更换印版→试印刷打样→套印调节→试印刷打出套印合格印样

相关知识

一、四色印版准备要求

实施四色印刷工艺时的印版检查较之单色印刷工艺要复杂一些，除了要进行图文内容、规格尺寸和印刷标记的检查外，同时也要对印版上图像中的网点进行阶调层次再现和色彩再现的检查，此外，还要对印版的色别进行鉴别。

1. 印版阶调检查

印版上图文质量是印刷品图文质量的基础。没有印版上高质量的图文，就没有高质量的印刷品。印版阶调检查就是对印版上图像质量的检查。它是通过对网点的检查来实现的。无论是单色图像原稿还是彩色图像原稿，其印刷图像都是通过网点来表现的。检查的内容分图像阶调检查和网点质量检查两个方面。

（1）图像阶调检查

用目测法将单色样张和印版的对应部位进行对比，观察其浓淡是否一致。必要时，还可选择几点，用放大镜观察网点大小是否一致。由于油墨在印刷中的铺展和光的双重反射作用，印刷网点必然有一定程度的扩大（允许扩大率是5%～10%）。因此，印版上的网点应略小于单色样张上的网点，不能比样张上的网点大。

除整体观察外，还可选择重点区域观察。重点区域要选在最深调部位、最浅调部位和图像内容的最重要部位。单色印版最深调子（非实地部分）能见到小白点不糊没，说明深调处表现层次丰富；最浅调部位小黑点不丢失，说明浅调处表现力丰富；深调处小白点糊了，说明印版偏深；浅调处小黑点丢失，说明印版太浅。印版图像重要部位的网点与样张一致，印刷后主要部位的色调就能符合要求，印刷品就不会有大的偏差。

(2) 网点质量检查

用10倍或更高倍率的放大镜，检查网点成形情况。有优质的网点，才会有优质的调子再现和优质的色彩再现。印版上的网点要实，边缘要清晰、光洁。网点边缘虚毛，印刷时吸附油墨的性能就要下降，网点本身还会呈现不稳定状况。

2. 印版色别检查

彩色图像通常是用黄、品红、青、黑四色版印制而成的。就每一色印版而言，它并不是彩色的。它们是同样的版基，同样的表现形式，而颜色是通过印刷油墨来体现的。因此，要对印版色别进行识别和复核，以免发生印版色别和油墨色别不相符合的印刷事故。识别印版色别除了以检查晒版标贴为主要依据外，还可通过色标鉴别、图像网点角度鉴别、图像面积鉴别等三种方式综合判断、鉴别。

(1) 色标鉴别法

色标是记录所印墨色是否正确、齐全的实地块标记。它一般设在印样的一侧边，如图2—2—1所示，色版版别为品红（M）版。

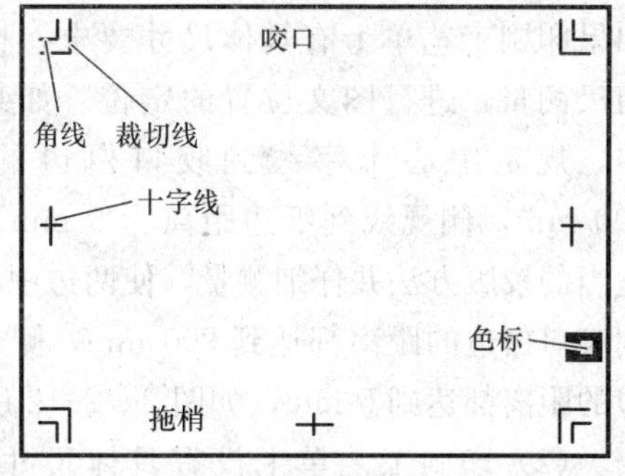

图2—2—1 印版上的色标

多色印刷中，每块印版上都必须设置一块色标，其位置要对比其他色版的色标位置，不应在其印后的彩色印张上出现各色版色标印刷位置重叠或次序颠倒。胶印印版上的图像部分主要由网点组成，印刷过程中难以分辨所用油墨的色相是否与付印样一致，实地的色标就成为鉴别色版的依据之一。此外，色标还可用来检查印后印张漏色、双张和倒版。

(2) 图像网点角度鉴别法

多色印刷复制中，彩色图像在色彩分解时，各分色版的加网角度设置必须符合加网角度的配组规定，否则就会产生龟纹。黄版的网点呈90°或0°排列，主色版网点呈45°排列。人物图像的主色为品红，风景图像的主色为青。品红和青肯定有一色作为主色版，则另一色即作为次色版。次色版和黑版网点分别呈15°或75°排列。

(3) 图像面积鉴别法

多色印刷复制中，各分色版的版别可以采用对照印刷品打样样张上图像与印版上图像对应部分面积来鉴别。一般对于彩色连续调图像存在如下规律：黄版在整个图像中网点覆盖率最大；品红版在人物唇部、红旗、红服装等部位网点覆盖率最大，在人物肤色部位网点覆盖率也较大；青版在绿树、草地和其他蓝绿色调的景物部分网点覆盖率大；黑版在一般画面中网点覆盖率最小，网点覆盖率主要在眼珠、头发及其他黑色物体部位。

二、更换印版要求

现代多色高速胶印机大都采用定位挂订式版夹，其印版安装的方式称为挂订法上版。挂订法上版具有方便、快速、准确、安全的优点。采用挂订法上版的胶印机在印版更换时的拆版方式有手动和全自动两种，装版方式有手动、半自动和全自动三种。不同的胶印机选配不同的装版装置，只要定位销位置准确，印版插装到位，装版误差一般不大。本次印版更换任务中采用的是挂订法上版的胶印机，其拆版是手动方式，装版是半自动方式。

三、试印刷打样

试印刷打出印样，为套印调节提供依据。

四、套印调节要求

多色印刷中，利用各色版间相对位置移动进行校版套合的过程称为多色印版的套印。套印调节的基本要求如下：

1. 确定承印物上的图文位置

（1）校版前，必须仔细阅读印刷工艺单，如果印刷工艺单上有具体尺寸要求，校版时须用尺测量，进行图文位置的定位。如某四开印件，规定中心十字线到咬口白边的距离为 200 mm，侧规线到纸边距离为 5 mm。应选用适当的校版方法并仔细测量，使两边中心十字线到咬口白边的距离都达到 200 mm，侧规线到纸边的距离都达到 5 mm，如图 2—2—2 所示。

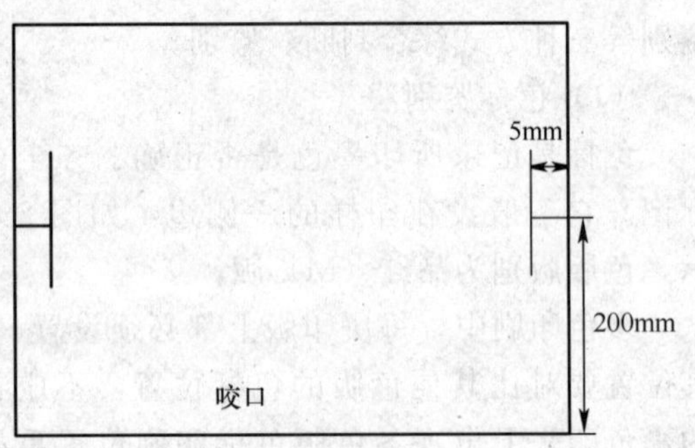

图 2—2—2　四开印件的图文位置定位

（2）印刷工艺单上没有具体尺寸要求时，校版总是以四周角线印齐为标准，两边到咬口白边距离相等，来去居中。

（3）正反两面印件必须两面规线对齐校正。此外，如果一面画面较小，纸张空白部分较多，另一面却要印边框、实地等，必须以边框、实地的位置来确定图文位置。

（4）纸张尺寸较小时，在不影响画面完整的前提下，可适当减小咬口尺寸，以防裁切不齐，造成拖梢画面不完整。

（5）凡装订成册的产品或有跨页、拼图的产品，校版时必须统一规格。

2. 套印调节的基本方法

（1）将各色版调至与咬口平行。印样对折，将咬口对齐，观看印张中间十字线，根据各色版十字线高低情况，对各色版进行逐一调整。色版上十字线高低情况如图 2—2—3所示。

需要注意，为了避免各色版之间相互追线，各色版必须进行独立调整。各色版调整时，可以以一边为基准，上、下调整另一边；当调整幅度达到极限时，可以两面相互调整。避免只调整一边，造成印版变形。

(2) 各色版调平行后，打出新样张。

(3) 根据新样张各色版的十字线，确定处于中间的色版作为基准，将其他色版上下调整，使各色版上、下和前、后（左、右）套合在一起。新样张各色版的十字线情况如图2—2—4所示。

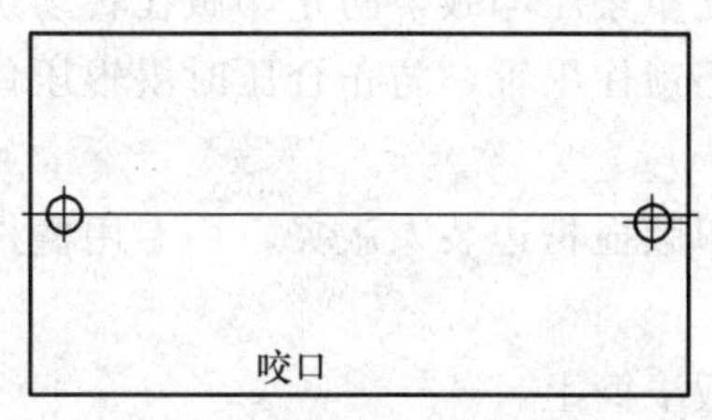

图 2—2—3 色版上十字线高低情况

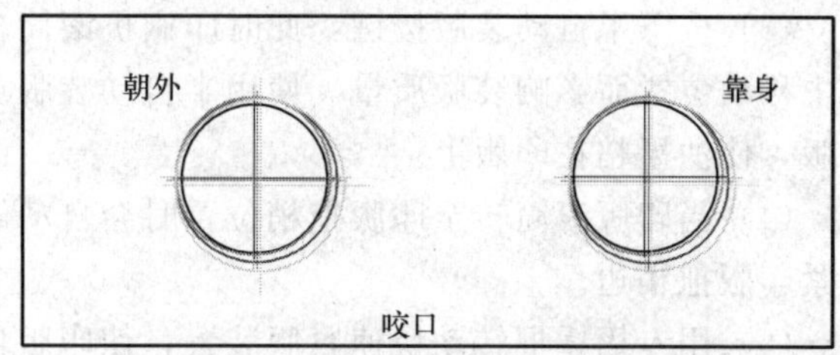

图 2—2—4 新样张各色版的十字线

任务实施

在带有 CP2000 中央控制操作系统遥控操作台的海德堡 SM102 型四色胶印机上，完成印版更换与四色印刷套印时的印版校正工作，并试印刷出四色版面图文位置套合准确的印样，具体步骤如下：

一、四色印版的准备步骤

1. 印版质量检查

对印版的图文内容、规格尺寸、印刷标记、图像阶调层次再现和色彩再现进行检查，确定印版的色别。

2. 印版打孔

在印版打孔机上，对待装的四色印版按规定的咬口位置打好定位孔。

3. 印版弯版

根据本次使用的四色胶印机的要求，对待装的四色印版进行拖梢部位的弯版处理。弯版要轻，角度不要过大，控制在 30°～45°，避免折断印版。

二、更换印版步骤

1. 手动拆版

(1) 点动机器到适合拆版的位置，然后按下“停锁”按钮。

(2) 用专用撬棍松开咬口边版夹和拖梢边版夹上的版夹锁紧块，但暂时不要将印版从版夹中取出。

(3) 用扳手将印版从拖梢边的版夹中取出（本机型的衬垫物已粘在印版滚筒壳体上了，拆版时不用卸下来）。

(4) 用手拿着印版拖梢边，按“反点”按钮转动机器至咬口位置。

（5）轻轻地将印版往上拉动，即可将印版从咬口的版夹中取出。

（6）检查印版滚筒壳体并清理干净。

2. 手动装版

（1）调整好版夹的位置，高低平行、左右居中。

（2）用专用撬棍打开咬口版夹。装版时，把印版上的定位孔套入咬口版夹的定位销上后，再用专用撬棍夹紧咬口版边。

（3）按下半自动装版按键，此时印刷机滚筒合压，橡皮布紧压印版，防止印版在转动过程中移动位置而影响装版质量。使用半自动装版功能要切记锁住墨辊，防止合压时墨辊压住印版，使油墨粘在印版上。

（4）当印版滚筒转至印版拖梢位置时会自动停机。将印版拖梢边装入版夹，用专用撬棍夹紧印版拖梢边。

（5）用专用撬棍转动快速紧版装置，使印版包紧在印版滚筒上。

三、套印调节步骤

套印调节操作时，主要完成如例 1、例 2、例 3 所示的三种印版校正工作（以下列所有图例中，第一色规线用“⊣”表示，第二色规线用“--¦”表示，第三色规线用“┈¦”表示，第四色规线用“┈⁝”表示）。

例 1：在如图 2—2—5 所示的版位中，如果第一、二、四色都已校正符合要求，第三色未校正。经分析，第三色需靠身印版打低，朝外印版打高，来去印版靠身。方法与步骤如下：

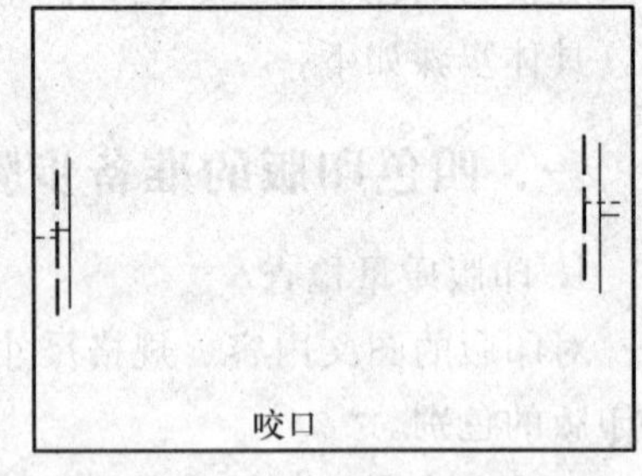

图 2—2—5　版位

方法一：CP2000 中央控制操作系统遥控工作台遥控操作

（1）打开 CP2000 中央控制操作系统遥控工作台屏幕的初始界面，如图 2—2—6 所示，按套准方向键“⊕”，出现如图 2—2—7 所示套准方向键界面。

（2）选择图 2—2—7 中印刷单元键“3”（第 3 色组）。

（3）按图 2—2—7 中套准方向键“◣”靠身打低、“◥”朝外打高、“|▶”印版靠身。

其中图 2—2—7 中方向键功能如下：

方向键：“◥”朝外打高、“◤”靠身打高、“▲”两边同时打高、“◢”朝外打低、“◣”靠身打低、“▼”两边同时打低、“◀|”印版朝外、“|▶”印版靠身。每按一下方向键，印版移动 0.01 mm。

移动范围：每按单边方向键“◥”“◤”“◢”“◣”一下，移动 0.15 mm；每按两边方向键“▲”“▼”“◀|”“|▶”一下，移动 1.95 mm。

印版移动量大时，可先按图 2—2—7 中数字键上的数字，再选择方向键，单位为 0.01 mm。

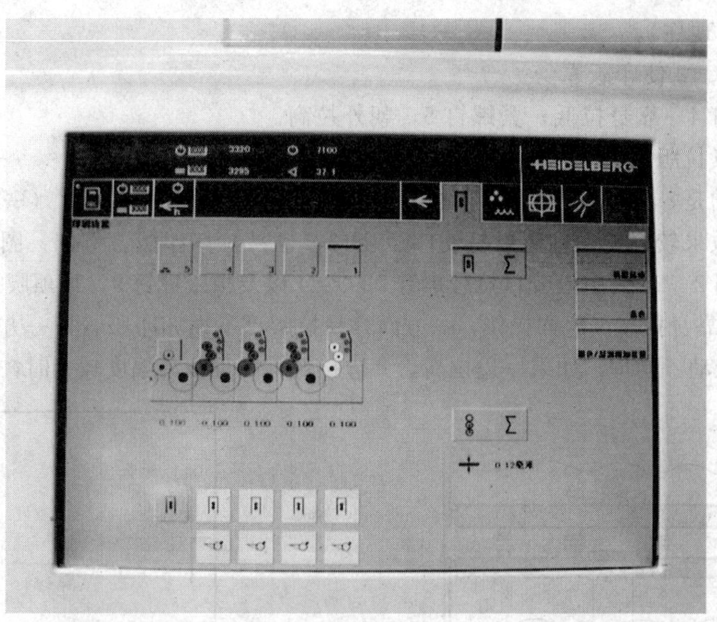

图 2—2—6　CP2000 中央控制操作系统遥控工作台屏幕的初始界面

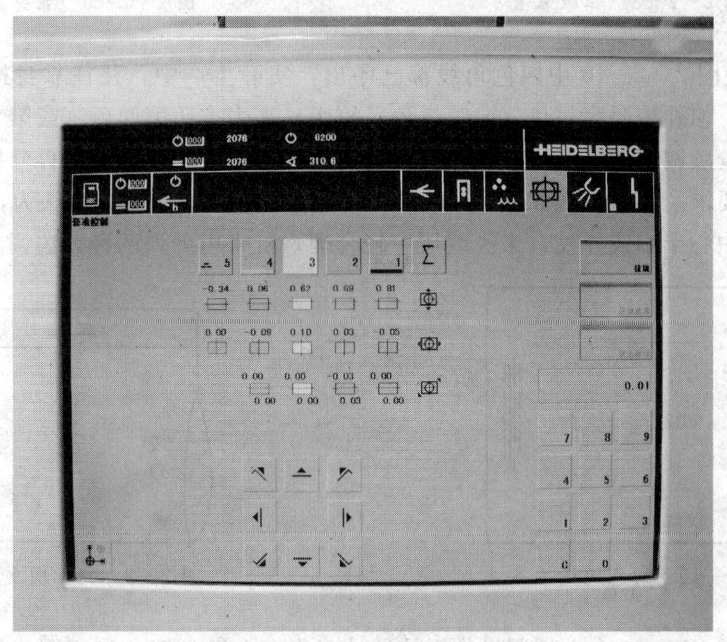

图 2—2—7　套准方向键界面

方法二：手动拉版

只有当遥控操作校版超出调节范围时才手动拉版。印版在晒版和装版时一般都有确定位置，因此所需调节的量通常不会超出调节范围。

(1) 松开图 2—2—8 中拉版螺钉 1、2、7、8，使印版与滚筒松开，松顶版螺钉 9、10

（13、14 与夹版顶住）。

（2）顶 11、12 使印版靠身。

（3）紧螺钉 4，靠身拉低；紧螺钉 5，朝外拉高。

（4）最后紧拉版螺钉 1、2、7、8，使印版包紧滚筒。

需要注意的是，如果印版需单边拉高或拉低，拉动幅度又较大时（一般超出 1 mm），先顶版再拉版效果较好。硬性拉版易使印版变形，也易拉坏印版。例如，图 2—2—9 中靠身拉高，则应在图 2—2—8 中松咬口拉版螺钉 2、3、4 以及顶版螺钉 9，顶顶版螺钉 11 后，再拉拉版螺钉 8，使靠身拉高。这样操作，一方面容易拉版且不损坏印版，另一方面不会使已调节好的朝外规线走动。同理，如果一边拉高，一边拉低，而且拉动幅度较大时，则需两头顶版。

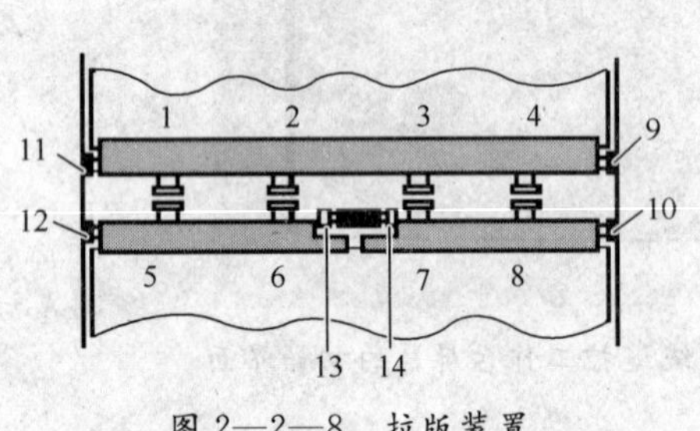

图 2—2—8　拉版装置

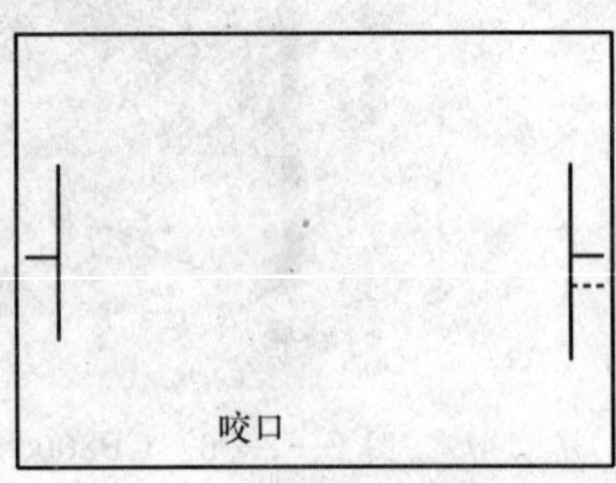

图 2—2—9　靠身拉高版位

例 2：假设图 2—2—10 中四色角线都已印出，实际生产中，往往靠身按照第二色（或第四色）校版，朝外按照第一色（或第三色）校版，来去按照第四色（或第二色）校版，这样可使每一色校版调节的幅度小一些。当四色的中心十字线都重合后，再分析检查整个图文位置是否符合要求。假设出现如图 2—2—11 所示情况，经分析检查后认为，靠身中心十字线要按照朝外中心十字线外校，来去线居中较合理，可采用下列两种方法调节。

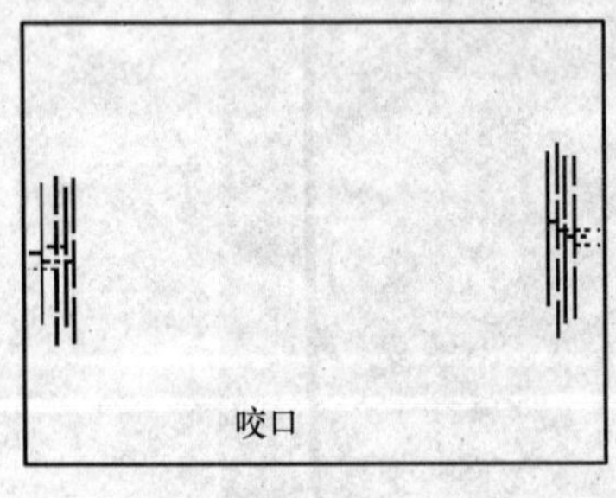

图 2—2—10　四色规线不齐

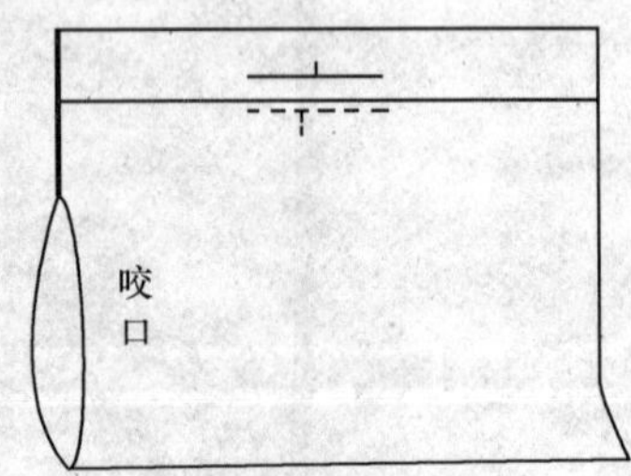

图 2—2—11　图文位置不符

方法一：在 CP2000 中央控制操作系统遥控工作台上靠身四色印版同步打高，来去印版同步朝外。步骤如下：

（1）按图 2—2—6 中套准键“⊕”。

（2）按图 2—2—7 中印刷单元键“Σ”。

（3）按图 2—2—7 中套准方向键“◤”，四色靠身同步打高。也可先按数字键，再按方向键“◤”。

(4) 按图 2—2—7 中套准方向键“▶”，四色同步靠身。也可先按数字键，再按方向键“▶”。

方法二：在 CP2000 中央控制操作系统遥控工作台上借动前规和侧规。步骤如下：

(1) 在图 2—2—7 中按“拉规”键，出现如图 2—2—12 所示画面。

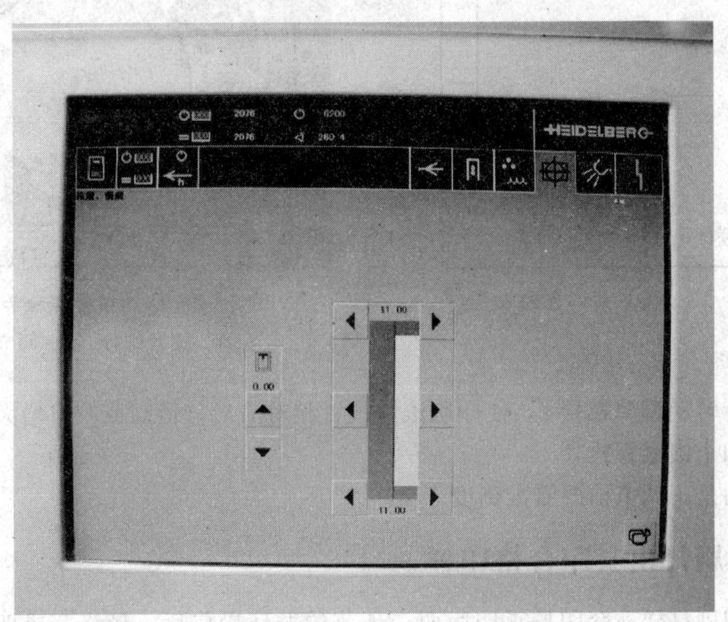

图 2—2—12 拉规键界面

(2) 按方向键“▼”，侧规靠身。

(3) 按最下方方向键“◀”，下方纸张白边口左移，靠身多咬。

注意：

(1) 方向键“▲”侧规朝外，方向键“▼”侧规靠身。

(2) 最上方方向键“◀”朝外多咬，最上方方向键“▶”朝外少咬。

(3) 中间方向键“◀”朝外与靠身同时多咬，中间方向键“▶”朝外与靠身同时少咬。

(4) 最下方方向键“◀”靠身多咬，最下方方向键“▶”靠身少咬。

(5) 标准位置纸张白口边在中心线上，滚筒咬牙咬纸约 6 mm，如图 2—2—12 所示。

(6) 调节范围为±1 mm。

(7) 咬牙咬纸尽可能咬在一直线上，使纸张定位稳定。

例 3：如果两边同时打高或打低，幅度又比较大时，或者印版咬口尺寸不对，需要印张的咬口增大或缩小时，可通过借滚筒的方法解决。如图 2—2—13 所示为用借滚筒方法校正第二色组。

方法：

(1) 停机并打开第二色组传动面的防护罩。

(2) 点车直到套筒工具能够拧到图 2—2—14 中四个锁紧螺栓 1 和调节螺栓 2。

(3) 松开四个锁紧螺栓 1 后，再轻轻拧紧。

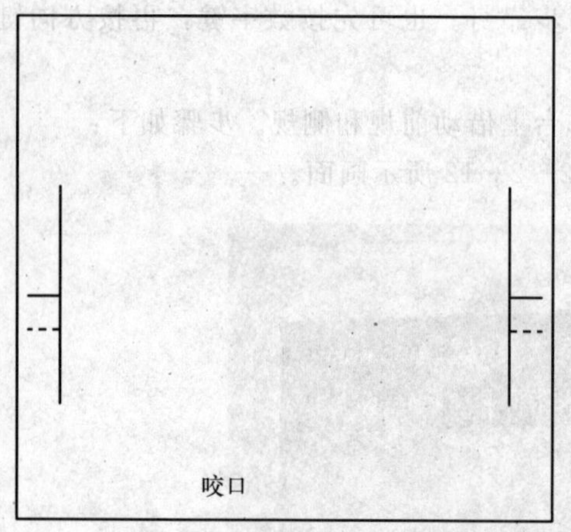

图 2—2—13　校正第二色组

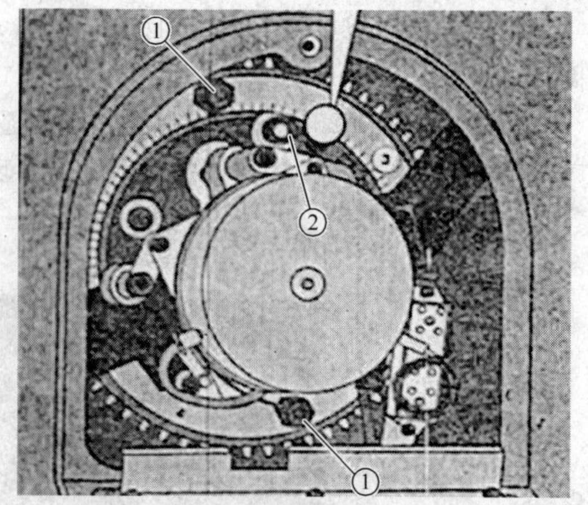

图 2—2—14　锁紧螺栓和调节螺栓
1—锁紧螺栓　2—调节螺栓

(4) 逆时针转动调节螺栓 2，使印版滚筒位置相对滞后（借高或咬口增大）。

(5) 拧紧四个锁紧螺栓 1。

需要注意的是，调节前要看准刻度。

四、试印刷打出套印合格印样

在多次试印刷打样、套印校正印版两个环节的循环操作后，最终完成四色印刷套印工作，得到四色版面图文位置套合准确的印样。

技能训练

1. 参照本任务中所给的印版质量检测程序和标准完成对所给的 5 套四色印版的质量检测，并出具质检报告。

2. 参照本任务中所给的程序和标准，在采用挂订法换版但没有中央控制操作系统的四色胶印机上，完成印版更换与套印工作，并试印刷出四色版面图文位置套合准确的印样。

思考练习题

1. 如何进行印版图像的阶调检查？
2. 简述多色印刷印版图像阶调检查的方法。
3. 印版色别鉴别的方法有哪几种？如何鉴别？
4. 简述挂订法更换印版的程序。
5. 白纸上第一色图文位置的确定有哪些要求？
6. 四色胶印印刷中套印调节的基本方法是什么？

项目三　校色与质量管控

学习目标

熟悉彩色印刷品质量标准和观察光源标准，了解常用印刷品质量检测仪器的功能及使用方法；能在四色胶印印刷中用密度计、色度计对彩色印刷品进行色彩校正操作，能通过观测信号条对四色胶印印刷过程进行质量监控操作。

随着彩色印刷的普及，对彩色印刷品质量的要求也越来越高，传统的以目测为主的定性判别彩色印刷品质量的方式已经越来越不适应客户对印刷企业的要求。为了满足客户对彩色印刷品质量越来越高的要求，在彩色印刷品生产过程中，引入密度计、色度计、印刷质量控制条等印刷质量测控工具，对彩色印刷品进行校色，实现彩色印刷质量的定量评判，已成为当今印刷企业的必然选择。

任务引入

在带有中央控制操作系统的四色胶印机上完成 3 000 张四开 128 g/m^2 铜版纸单面四色印件的试印刷打样，在套印准确的前提下，利用密度计、色度计、印刷质量控制条等印刷质量测控工具，定量评判印出的彩色印样的质量，并对印样进行校色，最终印出符合彩色印刷品质量标准的产品。

任务分析

四色胶印印刷中的校色工作流程是：

试印刷取样目测分析→印样参数测量→分析比对付印样参数→初次校色→试印刷二次取样→……→试印刷 N 次取样→N 次印样参数测量→分析比对付印样参数→N 次校色→试印刷打出合格样→正式印刷

相关知识

一、彩色印刷品质量标准

标准化工作并不意味着要求所生产的产品一模一样，只要保证每次生产出来的产品质量在允许的误差范围之内即可。因此，具体生产时必须清楚实际参考值和误差范围，实际参考值要使用测量和检测仪器经过多次测量和检测得到。

1. 彩色印刷品定性质量标准

(1) 墨色鲜艳，深浅程度均匀一致。

(2) 墨层厚实，具有光泽。

(3) 网点光洁、清晰、无毛刺。

（4）色调层次清晰，符合原稿要求。

（5）套印准确。

（6）文字不缺笔断道。

（7）印张外观整洁。

（8）印张背面清洁，无脏迹。

（9）印刷品图文尺寸符合客户要求。

2. 彩色印刷品定量质量标准

有关部门1999年发布了中华人民共和国新闻出版行业标准《平版印刷品质量要求及检验方法》（CY/T5—1999）。该标准适用于以纸为承印物的平版图像印刷品，其他平版印刷品也可参照使用。

标准中对精细印刷品和一般印刷品进行了定义，并提出了该类印刷品的质量要求。

（1）印刷品的层次阶调再现

通常要求印刷品亮、中、暗调分明，层次清楚，并且精细印刷品亮调区域的网点再现控制范围为2%～4%；而一般印刷品亮调区域的网点再现控制范围为3%～5%。印刷品暗调区域的密度范围域见表2—3—1。

表2—3—1　　印刷品暗调区域的密度范围

色别	精细印刷品实地密度	一般印刷品实地密度
黄（Y）	0.85～1.10	0.80～1.05
品红（M）	1.25～1.50	1.15～1.40
青（C）	1.30～1.55	1.25～1.50
黑（B）	1.40～1.70	1.20～1.50

（2）套印

多色版图像轮廓及位置应准确套合，精细印刷品的套印允许误差不超过0.10 mm，一般印刷品的套印允许误差不超过0.20 mm。

（3）网点再现能力

网点清晰，角度准确，不出现重影现象。精细印刷品50%网点的增大值范围为10%～20%；一般印刷品50%网点的增大值范围为10%～25%。

（4）印刷相对反差值（K值）

印刷相对反差值是控制图像阶调的指标。计算方法如下：

$$K=(D_s-D_t)/D_s$$

式中　D_s——测出的实地密度值；

D_t——测出的80%网区的网点积分密度值。

由上式可以看出，K值的范围为0～1，K值越大，图像阶调表现质量越高，如果K值为0，则反映该印刷品80%以上的网点已经糊死。彩色印刷品的K值范围应符合表2—3—2的规定。

表 2—3—2 印刷相对反差值（*K* 值）的范围

色别	精细印刷品的 *K* 值	一般印刷品的 *K* 值
黄	0.25～0.35	0.20～0.30
品红、青、黑	0.35～0.45	0.30～0.40

（5）颜色再现能力

颜色应符合原稿，真实、自然、协调，同批产品不同印张的实地密度允许误差为：青（C）、品红（M）不超过 0.15，黑（B）不超过 0.20，黄（Y）不超过 0.10。

（6）印刷品版面

版面干净，无明显的脏迹；印刷接版色调应基本一致，精细产品的尺寸允许误差小于 0.5 mm，一般产品的尺寸允许误差小于 1.0 mm；文字完整、清楚，位置准确。

二、彩色印刷品观察光源标准

物体的颜色感觉会随着照明光源的颜色不同而发生变化，在不同照明条件下观察同一种颜色，感觉也会不同。为了保持印刷品的颜色一致，在印品材质、观察人员不可能一致的条件下，通常采取统一观察环境标准的方法，标准的观察光源由此应运而生。由于人们长期生活在日光照明的环境下，对日光最为熟悉、最为适应，人们观察颜色的活动也大多在日光下进行，因而日光被认为是最适合观察颜色的光源。在印刷车间内观察印刷品颜色的光源也应该采用日光光源，这就要求人们采用近似于日光的观察光源。

一般多色胶印机都配备有标准的看样台，如图 2—3—1 所示。看样台使用的光源一般为高显色性的 D_{65} 光源，色温和显色指数均符合 1991 年我国印刷行业颁布的印刷业评价颜色时所使用的照明和观察条件标准。在这种灯光照明条件卜观察得到的颜色与日光下观察的效果相似，但是如果使用一般的荧光灯作为光源，观察颜色就会产生较大的颜色感觉误差。

图 2—3—1 多色胶印机配备的标准光源

在印刷行业标准《色评价照明和观察条件》（CY/T 3—1999）中对观察颜色影响较大的照明因素如光源的色温或色温、光源的显色指数、观察面的照度、观察面上照度的均匀度、环境光颜色和观察方式等做出了详细规定。

1. 观察反射印刷品使用的光源

观察反射印刷品一般采用近似于标准照明体 D_{65} 的光源。

2. 光源的色温

光源的色温为 6 504 K。色温表示光源发光的颜色，单位为 K。5 000 K 以下为低色温光源，5 000 K 以上为高色温光源。色温低，光的颜色偏红黄；色温高，则光的颜色偏蓝。一般白炽灯所发光的色温低于 3 000 K，属于低色温光源，因此光的颜色偏红黄；而家用日光灯的色温为 6 000～7 000 K，与白炽灯所发的光相比更加偏蓝。

3. 光源的显色指数

光源的显色指数应该大于或等于 90。显色指数表示在某种光源照明条件下，被观察颜色的感觉与在日光下观察相同样品时颜色感觉的接近程度。光源显色指数的范围为 0～100。数值越高，表示在这种光源下观察颜色的效果越好（与日光越接近），反之则越差。由于规定以日光的照明为标准，因此这个参数表明了观察颜色的准确程度。在对颜色有很高要求的行业，显色指数是照明光源非常重要的参数。

4. 观察面的照度

光源在观察面上产生均匀的漫反射照明，照度范围在 500～1 500 lx。一般情况下，照度高一些对观察颜色和图像层次有利，尤其是观察明度较低的颜色和暗调的层次。

5. 观察面上照度的均匀度

观察面的照明要尽可能均匀，观察面中心与四周照度的差别不能大于 20%。

6. 环境光颜色

观察面周围的环境光应该是中性灰色，彩度值越小越好，避免对比的影响。

7. 观察方式

采用 0/45 或者 45/0 的照明和观察方式，即光源垂直于样品表面照明，在与垂直方向呈 45°角方向上观察；或者光源在与样品表面呈 45°角的方向上照明，在垂直样品表面的方向上观察。

色温和显色指数分别反映了光源颜色特性的两个方面，可以较全面地描述光源的颜色特性，在光源出厂时的技术参数中一般都会给出这两个参数。只有当光源的这两个参数都满足照明标准规定时，才适合印刷行业使用。例如，白炽灯的一般显色指数大于 95，满足要求，但其色温只有 2 800 K 左右，光色偏红，因此不为印刷行业采用。而一般使用的荧光灯的色温可以达到 6 500 K，接近日光的光色，但它的一般显色指数在 70 左右，低于标准的规定，在此光源下观察颜色与在日光下观察会有较大的偏差，不适合准确观察颜色时使用，因此也不建议采用。可以满足印刷业照明标准要求的荧光灯是一类特殊的荧光灯，称为高显色性荧光灯，很多进口印刷机配套看样台上安装的灯管就是这种荧光灯。这种荧光灯价格昂贵，所以当原装灯管用坏后，很多印刷企业就用普通荧光灯管代替，因而失去了观察颜色的准确性。

鉴于光源对印刷复制领域如此重要，行业要求在印前设计和排版车间、印刷机看样台、质检部门等对观察颜色要求较高的地方配备标准光源，而其他一般的照明仍然可以使用普通的照明光源。

在印前设计和排版车间，由于需要对原稿进行扫描、页面颜色设计和创意、图像颜色调整等操作，对照明光的要求较高，而且照明光对显示器的颜色影响也很大，有条件的企业应该将此车间全部采用高显色性荧光灯照明。如果没有这个条件，也至少应该在车间的局部采用高显色性荧光灯照明，或者使用标准灯箱，以便于颜色的检查。

在印刷车间，一般的照明可以使用普通的荧光灯，但看样台和收纸台要采用高显色性荧光灯照明。应该注意，车间的整体照明与看样台的照明不能有很大差别，避免由于照明的差别产生操作人员眼睛的对比和适应现象，导致对颜色的错误判断。除了采用高显色性荧光灯照明以外，在实际应用中还应该注意选择合适的灯具，使灯具产生均匀的漫反射光。

在对产品颜色要求很严格的情况下，如烟标印刷，仅仅靠印刷机的看样台还不够，还必须配备要求更高的标准光源观察箱，以便进行更严格的目视观察。这种观察箱通常装有多种光源，可以在不同光源照明下进行样品颜色观察，如图2—3—2所示是配有A光源和F光源的光源，可以检查印刷品色彩的同色异谱性。

图2—3—2　配有A光源和F光源的光源

三、彩色印刷品质量评价

1. 非信息面质量评价

印刷品的表面按其功能不同可分为两部分：信息面和非信息面。印刷品的信息面包含印刷品要表达的信息或图像，非信息面通常形成一个背景，借助于反差或期望的气氛衬托信息面。印刷品的非信息面又可分为三种：未被印刷的纸面（或其他未被印刷的承印表面）、实地印刷面和均匀的网目调面。非信息面的一般特点是整个区域外观均匀。对非信息面的评价，一般是根据它跟原稿的接近程度和整个非信息面的一致程度。影响非信息面质量高低的因素见表2—3—3。

表2—3—3　　影响非信息面质量高低的因素

特性	对非信息面产生的影响	纸面	实地	网目调
漫反射	亮度或密度	√	√	√
	色彩光谱分布	√	√	√
	密度的一致性	√	√	√
镜面反射	光泽	√	√	√
	光泽的一致性	√	√	√
组织结构	不透明度	√		
	透明度		√	√
纹理	表面粗糙度	√	√	
	浮凸模式	√		
微观质量	网点覆盖率			√
	分辨力			√
	密度值			√

2. 信息面质量评价

印刷图像信息面的功能是传送印刷品所要表达的信息，它们通常要跟背景部分形成反差对比。信息面可能是线条图像，也可能是单色网目调图像和多色网目调图像，文字和线条稿再现的图像都属于线条图像，它通过图像信息面的形状和布局传送图像信息。这种图像通常具有足够高的色彩强度，但没有层次，一般希望它跟背景形成清楚的反差对比。在图像信息面，与非信息面有关的印刷质量参数仍然是适用的，但图像的形状、边缘反差对线条图像质量具有特殊意义，这是线条图像独特的印刷质量参数。文字及线条图像的印刷质量参数见表2—3—4。

表 2—3—4　文字及线条图像的印刷质量参数

图像质量参数	包括的内容	图像质量参数	包括的内容
图像形状质量	几何尺寸偏差	反射率或密度	图像
	几何形状失真		背景
	缺损及断线	边缘的分辨力	清晰度
	细节的分辨力		平滑度和直线度
	套准正确性	凹凸的影响	文字印刷的印痕
			有意加高的图像

在印刷品上传递信息的第二种方法是利用网目调密度等级产生图像。网目调印刷品应当具有一个好的“均匀网目调”所应有的特性及预期的密度分布，以便达到图像的预期效果。单色网目调印刷质量参数见表 2—3—5。

表 2—3—5　单色网目调印刷质量参数

质量参数	包括的内容	质量参数	包括的内容
调值	每个部位的密度	细节的清晰度	特别在暗调和高光
	色彩	缺陷	脱印
			网点变形

除了利用网目调密度等级外，还可以利用色彩变化传递更多的信息。这种能力是通过叠印几种不同色彩的网目调图像获得的。用三原色油墨可以获得满意的印刷色彩，用黑墨的目的是得到更好的质量。这类印刷品的质量参数比前几种要复杂得多，涉及色彩平衡等问题。多色网目调的印刷质量参数见表 2—3—6。

表 2—3—6　多色网目调的印刷质量参数

质量参数	包括的内容	质量参数	包括的内容
阶调和色彩	每个位置的色彩	网点叠印效果	套准
	灰平衡		龟纹
	每个位置的密度	细节的清晰度	特别在暗调和亮调

四、彩色印刷品质量评价手段

以往人们都是利用目测的方法对彩色印刷品进行评价的。这种主观的评价存在着易受外界条件影响、判断不准、因人而异、重复率低等一系列缺点，所以目前已逐渐被密度计、色度计、分光光度计等仪器测量，以及印刷质量控制条等相对客观的方法所取代。

任务实施

在带有中央控制操作系统的四色胶印机上完成 3 000 张四开 128 g/m² 铜版纸单面四色印

件的试印刷打样，在套印准确的前提下，利用密度计、色度计、印刷质量控制条等印刷质量测控工具，定量评判印出的彩色印样的质量，并对印样进行校色，最终印出符合彩色印刷品质量标准的彩印产品。具体操作步骤是：

一、校色操作步骤

1. 试印刷取样目测分析

通过观察试印刷取得的印样上的印刷质量控制条，参照彩色印刷品定性质量标准，对印样质量进行定性分析。

2. 印样参数测量

按照彩色印刷品定量质量标准中要求的印刷质量控制参数项目，用密度计、色度计对印在印样上的印刷质量控制条的相应区域进行印刷质量控制参数的测量记录。如可通过测量实地块来获取黄、品红、青、黑的实地密度数据；通过测量网点测试块获取各色版的网点增大数据；通过测量多色套印的实地块来获取叠印率数据；通过测量 90%以上的网点块获取印刷中能够复制的最大网点覆盖率数据，确定暗调的网点再现情况；通过测量小网点目测块获取小网点的复制数据；通过测量三色套印的网点块获取灰平衡数据等。

3. 分析比对付印样参数

将上述测得的控制参数数值与付印样上对应区域的控制参数数值进行比对分析后，制定校色方案。

4. 校色

依据校色方案，在胶印机上对各色组的印刷状态进行调整，调节供墨量、供水量、套印和输纸稳定性等。

5. 试印刷打出合格样

经过多次重复校色操作后，获得合格印样，从而确定已使胶印机处于相对最佳的印刷运行状态。

6. 正式印刷

使印刷机处于“定速”状态，进行正式印刷。

二、印刷测量仪器的操作步骤

1. 密度计测量步骤

（1）密度计定标

密度计在使用前通常要进行高、低密度的定标，只有定标准了，测试的密度数据才会准确，密度计的低密度定标主要取决于纸张，由于实际印刷时使用的纸张白度不可能完全一样，所以，一般操作时定标定在纸张上。

（2）密度的测量

测量时，待测印刷品应该放平，以确保测量头与待测块紧密接触，减少测量误差。然后按下测量键，在显示器上将可以显示出密度值。

（3）网点密度和网点面积率

现在的密度计除了可以测量印刷品的实地密度外，还可以测量网点处密度、网点面积率和网点扩大值。测量具体过程如下：首先选择密度计的测量“网点覆盖率”功能，接着测量实地密度，然后测量网点密度，密度计将根据内部的程序计算出网点覆盖率并将计算结果显示在液晶显示器上，如图 2—3—3 所示。

网点扩大值是指分色片上网点面积与相应印刷品上网点面积的百分比值。网点扩大值可以借助于密度计计算。通过反射密度计测出印刷品某处的网点面积率，再测出对应软片处的网点面积率，两项的差值就是网点扩大值。

图 2—3—3　显示印刷品实地密度和网点密度

2. 色度计测量步骤

(1) 色度计定标

色度计在使用前通常要进行调“0”的定标。色度计是在“标准白板”上调零校准，而不是在白纸上调零校准。

(2) 色差的测量

在测量时，待测印刷品应该放平，以确保测量头与待测块 1 紧密接触，减少测量误差。然后按下测量键，在显示器上将可以显示出待测块 1 的色度值。接着把测量头与待测块 2 紧密接触，按下测量键，在显示器上将显示出待测块 2 的色度值，并自动计算出色差值。

技能训练

参照本任务中所给的彩色印刷品质量检测程序和标准，使用分光光度计对给定的带印刷质量控制条的印样进行定量印刷质量检测，并写出检测分析报告。

思考练习题

1. 为什么家用日光灯不适合作为印刷光源？
2. 密度计的测量步骤是什么？测量实地密度的意义是什么？
3. 印刷过程中控制色差的意义是什么？
4. 如何计算印刷反差值？
5. 在四色印刷中如何进行校色？

项目四　四色胶印故障分析

学习目标

熟悉胶印故障分析的一般步骤，熟悉四色胶印常见故障原因，掌握四色胶印常见故障的分析方法；能在四色胶印机上排除四色胶印的常见故障。

平版彩色胶印无论是印刷工艺的原理、所使用的印刷机械和印刷材料、印刷品的质量要求，还是印刷工艺对操作员工的素质要求都比其他印刷工艺复杂得多，因此，在整个彩色胶印作业流程中，某一个或某一些环节出现不正常现象，都可能产生印刷故障，影响最终的印品质量，甚至导致印刷作业无法完成。

在四色胶印机印刷彩色印刷品过程中出现的故障是多种多样的，不仅涵盖了单色胶印机印刷单色印刷品过程中出现的输纸故障、起脏、花版、糊版、背面粘脏、不上墨、墨色不均匀等故障，而且还会出现如套印不准、重影等更复杂的故障。由于产生故障的原因比较复杂，有可能是许多原因造成某一种故障，也有可能是某一原因造成多种故障，所以出现故障时必须首先分析故障的特征，然后找出真正原因加以排除。操作员工不要盲目动手，以免造成新的故障。本项目将最常见的四色胶印故障及原因加以分析，从中找出分析问题、解决问题的方法。

任务引入

在四色胶印机上，逐一分析并排除遇到的套印不准、重影、混色、鬼影、堆墨、拉毛、掉粉、剥纸、粘橡皮布、墨屑斑点、碰脏等故障，印刷出符合印刷品质量要求的印样。

任务分析

套印不准、重影、混色、鬼影、堆墨、拉毛、掉粉、剥纸、粘橡皮布、墨屑斑点、碰脏等故障是在日常胶印印刷生产中较常见的故障。处理该类故障的工作流程是：

观察故障表现特征→分析故障原因→确定故障的解决方案→排除故障

相关知识

一、平版胶印故障概述

在平版胶印印刷生产过程中，故障是一种常见现象，它随时可能发生。发现故障并及时排除是一项重要的能力，它贯穿在印刷生产的全过程中。如果操作人员不掌握故障的规律，不会发现故障并排除故障，便不能保证印刷作业的顺利开展。在胶印生产过程中，印刷故障往往从两个方面表现出来：一是生产过程不能正常进行，二是印刷质量不合要求。

1. 平版胶印印刷故障的分类

平版胶印印刷故障的分类有多种方法，有的以故障发生的原因分类，有的以故障发生后的现象分类，也有的以印刷生产程序的先后次序分类。任何分类方法都不是绝对的，往往有合理部分，也有不尽合理的部分，还有相交叉和重复的部分。目前，最为简洁明了的是将故障分为两大类，即设备故障和工艺故障。

（1）常见的设备故障

设备故障指的是设备的某些部件处于不正常工作状态或其产品质量达不到规定的要求。设备故障排除，就是恢复这些部件的正常工作状态或使其产品质量达到规定的要求。

平版胶印机是光、机、电的统一体，结构比较复杂，发生的故障也是千变万化，常见的印刷设备故障见表2—4—1。

表2—4—1　　平版胶印机常见的设备故障类型及其特征表现

故障类型		故障特征表现
纸路故障	给纸系统	纸张在纸堆上分不开，出现双张或多张现象，出现空张现象，出现输纸歪斜，输纸台上的纸堆没有处于自由状态，飞达没有处于对称状态等
	规矩和递纸系统	挡纸舌工作状态不正常，接纸辊上的压纸轮、输纸布带或输纸布带上的压纸轮没有处于对称状态，压纸框架上的压线部件不对称，前规、侧规、递纸牙和压印滚筒没有处于正常工作状态（其他滚筒同压印滚筒），纸张到接纸辊上过晚或过早，纸张在接纸辊或输纸板上出现歪斜，纸张在规矩处出现早到或晚到等
	纸张交接	纸张在输纸板和递纸牙之间、压印滚筒和递纸牙之间、压印滚筒和收纸滚筒之间，以及收纸堆上交接不稳
	收纸系统	收纸滚筒没有处于正常工作状态，平纸器起不到平纸的作用，防蹭脏装置失效，喷粉装置不喷粉，开牙板或收纸部位的齐纸机构工作不正常等
电路故障		控制电路、驱动电路、执行元件、反馈元件或信号故障、风扇不工作等
气路故障		吸入空气不清洁，吸气管不畅通，前过滤器不通气，气泵工作不良，后过滤器不通气，排气管排气不畅，排出的空气不清洁，制动辊不吸气等
油路故障		供油箱温油，前过滤器不通油，油泵不加油，后过滤器不通油，供油管不通油，分油阀工作不良，油眼不通油，回油管不畅通，回油箱漏油等
水路故障		水斗漏水，水斗不上水，传水辊不传水，串水辊工作不良，着水辊工作不良，印版滚筒传水不良，纸张着水不良等
墨路故障		墨斗下墨不畅，墨斗辊表面划伤，墨斗下墨太多，墨斗下面往外流墨，传墨辊不传墨，串墨辊串墨不良，着墨辊着墨不良，重辊工作不良，印版滚筒自转不良，橡皮滚筒传墨不良，纸张着墨不良，压印滚筒工作不良，离合压机构工作不良等

（2）常见的工艺故障

这一类故障所指的范围更加广泛，日常印刷作业中出现的印刷条杠、花版、糊版、墨色不一、油脏、浮脏、印刷重影、着墨不良、墨迹不干等都属于这一范畴。此外，纸张、油墨等印刷材料方面出现的问题及印刷过程中操作不当引起的弊病，也属于印刷工艺故障。平版胶印常见的工艺故障类型及其特征表现见表2—4—2。

表 2—4—2　　平版胶印常见的工艺故障类型及其特征表现

故障类型	故障特征表现
套印不准故障	轴向（来去）不准（拉纸不准）、周向（上下）不准（前规不准）、局部不准、正反面套印不准、间隔性套印不准等
版面常见故障	花版、糊版、断笔画、瞎眼字、脏版（印版空白部分着了墨）等
走纸过程中故障	白破、黑破、双张、空张、断纸、歪斜、闷车、咬口破损、传纸破损等
转印过程中故障	龟纹、飞墨、回粘、油墨的早期干燥、印不上、甩角、印迹模糊、鬼影（幻影）、弓皱、拉毛、掉粉、剥纸、混色、正反面颠倒、定位边颠倒（大翻身误为小翻身或小翻身误为大翻身）、墨辊条杠、水辊条杠、齿轮条杠等
印张表面常见故障	印张破损、同页色差、跨页（包括正反面）色差、斑点墨皮、轴向重影、周向重影、局部重影、AB 重影（间歇性出现的重影）等

2. 平版胶印故障的特点

印刷设备的特点和印刷生产过程的特点共同决定平版胶印故障具有以下特点：

(1) 综合性和复杂性

平版胶印机是一种结构复杂的印刷设备，它的动力系统由一个以上电动机和气泵组成，它的运动由输纸机构、定位机构、压印机构、输墨机构、输水机构、收纸机构等机构的运转合成，中间还涉及众多的配合和交接。平版胶印机印刷过程中涉及的工艺原理也比较抽象，运用到的印刷耗材也比较广泛，如承印材料、油墨、润版液、印版、橡皮布等，最终才能在承印物上看到图像，而这个图像正是上述机构综合运动的结果。在这个综合运动过程中，随时可能因为某个部件、某个运动过程出现问题，或者在它们的配合关系上出现不协调，导致印刷故障。因此，平版胶印故障具有综合性和复杂性。

此外，平版胶印故障的综合性和复杂性还表现在同一故障可以由不同的原因引起。例如，套印不准故障既可能由印刷调节不当引起，也可能因纸张调湿处理不当引起，还可能由润版液控制不当或包衬调整不当引起。反之，同一种原因也可以引起不同的故障。例如，用水量太大可以导致套印不准，可以产生浮脏，还可以产生掉粉、掉毛以及背面粘脏等故障。又如，印刷压力过大可以促进纸张拉毛，容易产生条杠，容易发生滑移和重影，以及逃纸等故障。

(2) 实践性

印刷故障是在印刷生产的过程中表现出来的，操作者只有借助丁实践中的积累去认识和熟悉印刷故障，在排除故障过程中可能涉及要对印刷机或材料作某种调整，这种调整本身就是操作技能。在分析排除故障过程中，有人识别快，排除也快，这主要也是在实践中积累起来的丰富经验的结果。因此，印刷故障的分析不光是一种技术理论，更是一种实践技能。

(3) 危害性

无论是设备故障，还是工艺故障，都有可能影响到最终的印刷品质量，甚至导致印刷作业无法完成，使企业的经济利益受损。印刷过程中一旦发生故障就应该尽快排除。在排除故障的过程中，不应期望有一张包罗万象的故障分析表，可以一一对应地表现印刷故障的现象、原因和排除方法，而应该树立起一种科学的故障排除观念。

3. 平版胶印故障的相应对策

（1）遵循设备故障排除准则

排除设备故障应遵循的准则见表 2—4—3。

表 2—4—3　　排除设备故障遵循的准则

故障位置	故障排除遵循的准则
纸路故障	一个是纸路的理想工作状态，也就是说其时间和位移要处于理想的配合状态；另一个是基准原则，纸路的基准是套准滚筒或压印滚筒，所有的调节必须围绕着它进行
墨路故障	油墨在纸张上的理想状态是墨色均匀，密度适中；墨路的基准是压印滚筒，以它为基准调节墨路才有实际意义
水路故障	水路的理想状态是水层均匀、稳定、用水量最少；水路的基准也是压印滚筒
油路故障	油路的理想工作状态是供油充足、稳定，且保证需润滑的部位皆处于正常工作状态
气路故障	气路的理想状态是供气充足、稳定，且吸进、排出的气应始终保持清洁
电路故障	电路的理想工作状态是稳定、可靠

（2）加强设备维护保养，合理使用设备，减少故障发生

应加强对设备的维护、保养，合理使用设备，使印刷机各部分处于良好状态，选择印刷适性好的材料，力求避免各种工艺故障。做好这部分工作，即使生产过程中发生故障，故障所涉及的范围也可能少一些，便于迅速、正确地处理。

（3）从工艺理论和操作技能入手，提高分析和排除故障能力

提高工艺理论水平和操作熟练程度，从而提高综合分析能力和排除故障的能力。印刷故障是要人去识别和处理的。如果人自身缺乏必要的基础理论知识和操作技能，就难以找出印刷故障，就不可能及时、正确地排除。

4. 影响故障的主要因素

平版胶印中影响故障的主要因素归纳起来可以形成如图 2—4—1 所示的树形结构图。

5. 发生故障后的检查步骤

一般当故障发生时，印刷品上就会反映出不正常的现象。这时就需要寻找原因，及时予以排除。有时可以很快找到原因，有时很难一下找到原因。实践表明，发生故障后可按下列顺序检查：

（1）纸张质量和输纸状况。

（2）纸张裁切准确性。

（3）车间空气湿度。

（4）车间温度。

（5）侧规和前规工作位置。

（6）印刷机速度。

（7）润版液供给量。

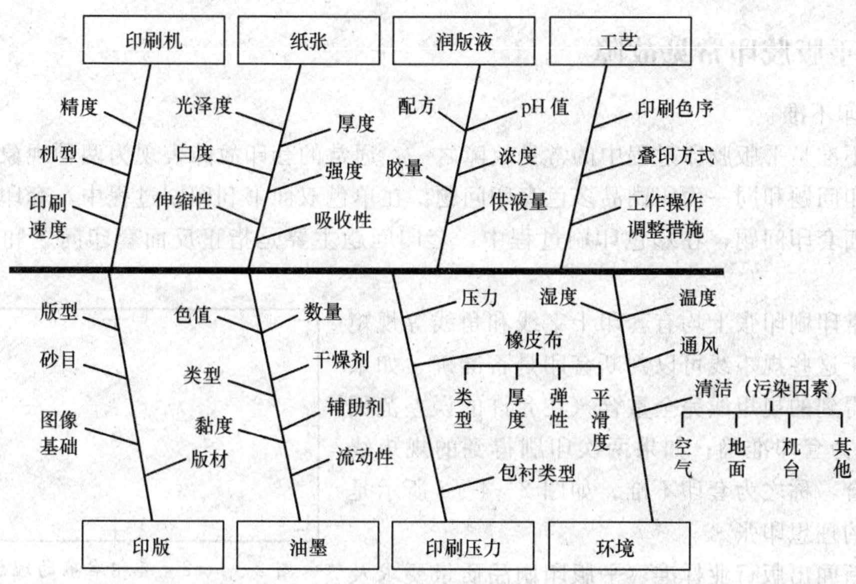

图 2—4—1　平版胶印中影响故障的主要因素

(8) 供墨量。

(9) 润版液 pH 值。

(10) 印版质量和当时状况。

(11) 橡皮布表面状况。

(12) 滚筒情况。

(13) 印刷压力。

(14) 咬牙整体咬力。

(15) 水辊是否污染。

(16) 墨辊是否脱胶或粗糙不均。

(17) 装版是否适当。

(18) 橡皮布装夹情况。

(19) 喷粉多少。

(20) 吹风是否太猛。

(21) 有无静电作用。

(22) 链牙的张力。

(23) 各咬牙的个别咬力是否合适。

(24) 牙垫是否磨损。

(25) 油墨的质量和变化情况。

(26) 有无干燥剂和干燥剂添加量。

(27) 车间是否清洁。

以上是总的顺序，有时某特定印刷过程中有几个步骤可能不存在，但总体上还是符合生产实际情况，可供查找故障时参考。

二、平版胶印常见故障

1. 套印不准

套印不准是平版胶印过程中的常见故障之一，通常的套印故障表现为两种现象：印刷品正反面套印问题和同一面印刷品多色套印问题。在单色双面书刊印刷过程中，套印问题主要是指正反面套印问题；在彩色印刷过程中，套印问题主要是指正反面套印问题和多色套印问题。

在正常印刷印张上均有套印十字线和角线等规矩线，借助于这些规矩线可以判断套印是否准确。如果两次印刷得到的规矩线完全重合（在允许的误差范围内），称之为套印准确；如果两次印刷得到的规矩线不完全重合，称之为套印不准。如图 2—4—2 所示是套印准确的理想印张。

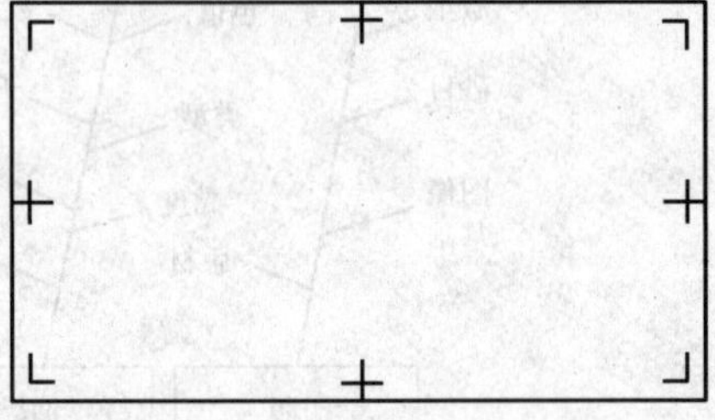
图 2—4—2　套印准确的理想印张

我国新闻出版行业标准《平版印刷品质量要求及检验方法》（CY/T 5—1999）规定的平版印刷品的最大允许套印误差见表 2—4—4。

表 2—4—4　平版印刷品的最大允许套印误差　mm

部位	精细产品			一般产品		
	四开幅面	对开幅面	全开幅面	四开幅面	对开幅面	全开幅面
主体部位	0.10	0.15	0.20	0.20	0.30	0.50
一般部位	0.15	0.20	0.30	0.30	0.40	0.60

2. 重影

在印刷图像中，网点旁边或线条旁边出现了多余的双重影像，称为重影，如图 2—4—3 所示。这种多余影像是原来网点或线条的新的淡影，有时其中一部分与原来的图像重叠，并不显示出来。不重叠的部分紧靠在原图像旁边，墨色一般比原图像淡，酷似形影相连。重影出现的方向是沿滚筒轴向和周向。重影和套印不准产生的“双眼皮”“双肩毛”图像性质不同：套印不准的双线、双图，是原本需要但位置不对的图像；重影的关键不是位置不对，而是所出现的影像虽淡，却是多余的。它使网点图像的色调不正常，使线条成双或变粗。重影有 3 种主要情况：周向重影、轴向重影和局部重影。

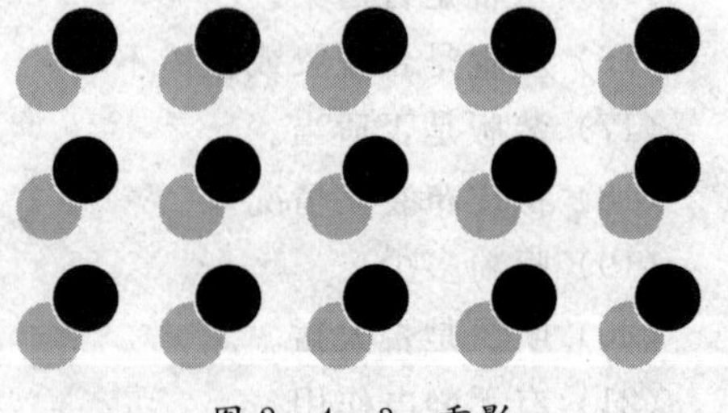
图 2—4—3　重影

3. 纸张的拉毛、脱粉

在平版胶印中，纸张脱离橡皮布时，表面细小的纤维和涂料粒子会被油墨拉出来，这个现象叫作拉毛、脱粉，如图 2—4—4 所示。

4. 剥纸

当纸张与橡皮布及油墨的黏结力大于纸张的强度和滚筒咬牙的咬力时，就会产生剥纸现象，俗称为“剥皮”。剥纸按实际发生的程度不同，分为全剥、半剥、剥而不断3种情况。

当纸张与橡皮滚筒的黏结力远远大于压印滚筒咬牙咬力时，纸张会整个从压印滚筒上被反剥过去，紧贴在橡皮滚筒上，这就是全剥。

当滚筒的部分咬牙很紧，部分咬牙不够紧，而纸张对橡皮布上油墨的黏结力很大时，就可能造成纸的一部分被咬在压印滚筒上，另一部分被粘在橡皮滚筒上，然后被撕破，这就是半剥。

胶版纸

铜版纸

图2—4—4　纸张的拉毛、脱粉

当滚筒咬牙咬力匀而紧、纸张强度良好、纸张对橡皮布上油墨的黏结力很大时，纸张可以不断地被反剥，而又被正常地传输到收纸部件上。这时会发生另一种现象，即纸张的拖梢部位出现卷曲。这种现象俗称“打卷”，也称剥而不断。

5. 混色

混色是指在多色印刷机印刷中，由于后一色油墨的黏度大于前一色油墨，使后一色油墨在压印时会将前一色油墨的一部分墨层剥下混入后一色墨层中，而产生的一种导致图文偏色、颜色不鲜艳，进而影响产品印刷质量的故障。

6. 鬼影

鬼影是指在印张中大面积的实地上出现小的图像暗影的故障，其特别易出现在印张较宽的边框上。也就是在印刷某一印件的某一颜色时，在咬口部分印刷该色实地，而在相应拖梢部分印刷该色另一实地时，该印件拖梢部分实地相对咬口部分会产生浅浅的影子。

7. 堆墨

堆墨是指油墨和其他物质沉积在墨辊或橡皮布上，形成浮雕状的沉积物，影响油墨和印迹转移的故障。堆墨主要表现为颜料从油墨中分离出来，堆积在印版和橡皮布上，结果造成印刷品网点并糊。

8. 粘橡皮布

通常把整张纸被粘在橡皮布上的故障称为粘橡皮布。产生粘橡皮布的原因是油墨的黏性过大，致使纸张所承受的剥离张力过大，咬纸牙咬力不足或者咬纸牙咬纸量太小（有时会因输纸歪斜引起咬纸量偏小），使纸张脱离，粘在橡皮布上。

9. 碰脏

碰脏是指印刷机上的机件在不正常状态下碰伤、擦伤印张而影响到产品质量的一种故障。严重的碰脏会导致产品报废。

10. 墨屑斑点

外来的细小物质附着在印版或橡皮布上，转印出带有浅白轮廓的斑点，称为墨屑斑点，其形成过程如图2—4—5和图2—4—6所示。因为外来物质周边压印接触不充分，从而形成白边，实地图像中尤为明显。这种斑点是由墨和类似墨皮的物质引起的，因此，大部分地区都称之为“墨皮”。其实，墨皮、墨辊屑、纸中杂质均可造成这类斑点。

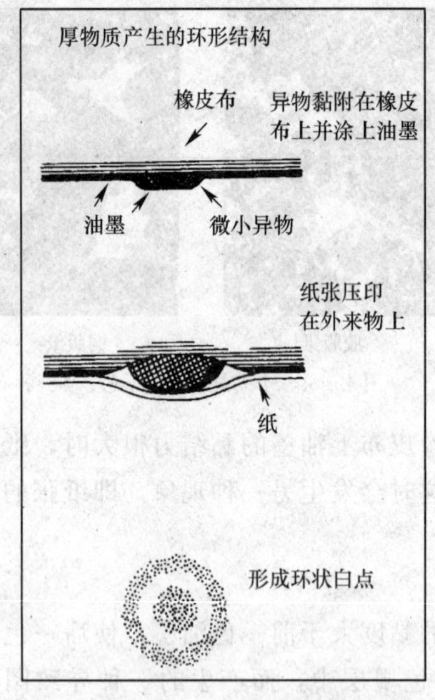

图 2—4—5　异物产生的墨屑斑点

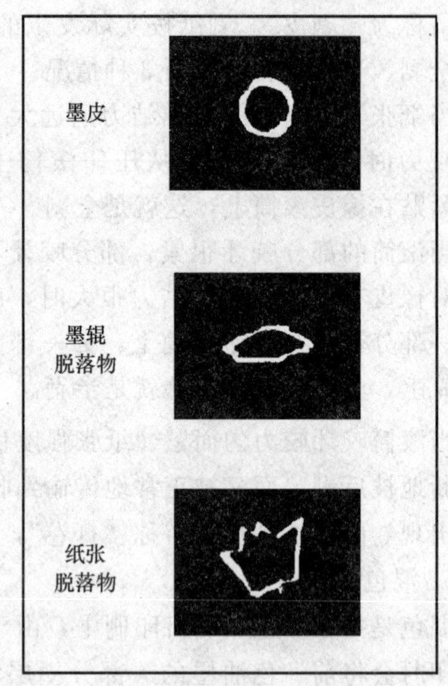

图 2—4—6　墨屑斑点

任务实施

一、观察故障表现特征

观察套印不准、重影、混色、鬼影、堆墨、拉毛、掉粉、剥纸、粘橡皮布、墨屑斑点、碰脏等故障的表现特征。

二、分析故障原因

1. 套印不准故障原因和特征

套印不准故障的原因和特征见表 2—4—5。

表 2—4—5　套印不准故障的原因和特征

类型	原因	特征
后印的图像位置等距离地偏向一方	分纸部位调节不当	
	输纸部位调节不当	
	定位部位调节不当	

续表

类型	原因	特征
后印的图像位置不均匀地偏离位置	纸张伸缩变形	
	印版滚筒包衬厚度不当	
	橡皮布滚筒包衬厚度不当	
	印版松动	
	橡皮布松动	
	拼版不准	
	拉版时版材变形	
局部图像套印不准	递纸牙的咬纸量不均匀	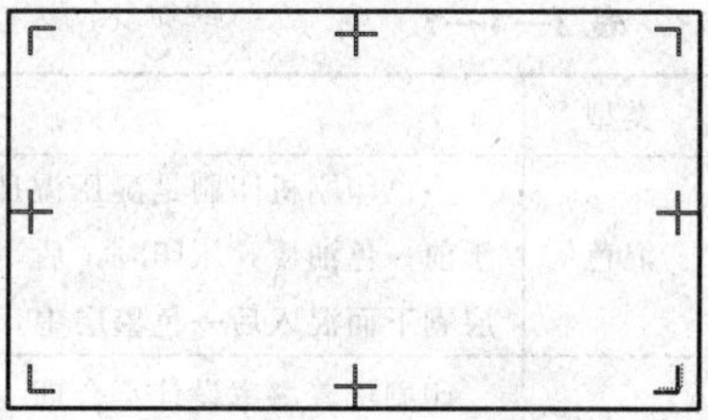
	压印滚筒上个别咬牙的咬力不足	
	递纸牙上个别咬牙的咬力不足	
	印版表面图文分布不合理	
	局部印刷压力过大	
	纸张局部变形	
	拼版不准	
	拉版时版材变形	
	纸张中间部位在到达前规时定位不准	

2. 重影故障的原因和特征

重影故障的原因和特征见表 2—4—6。

表 2—4—6　　重影故障的原因和特征

类型	原因	特征
局部重影	纸张表面不平整、纸张受潮等都会造成新旧印迹不重合	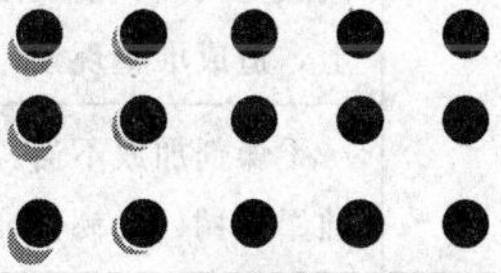 局部重影
周向重影	印版松动，印版在印刷过程中的位置不能保持固定不变，两次转移到印刷品上的新旧印迹位置不一样，因而在印张上就会出现重影	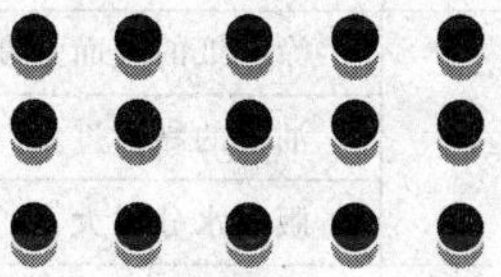 周向重影
	橡皮布松动，在与印版（或压印滚筒）接触过程中两次的位置不一样，从而在橡皮布上留下了新旧两种印迹，在向印张上转移时会出现重影	
	橡皮布的张紧力太小	
	橡皮布下的衬垫不平整，有的地方橡皮布松，有的地方橡皮布紧，造成重影	

续表

类型	原因	特征
轴向重影	印版滚筒、橡皮滚筒等其他传纸滚筒的窜动都会造成新旧印迹不重合，从而产生重影	轴向重影
	多色印刷过程中，印张完成第一色印刷后进入第二色印刷，由于印张上的印迹未完全干燥，在与第二色橡皮布接触时，又把第一色的印迹转印到第二色橡皮布上。如果纸张的位置有变化，就会产生重影	

3. 混色等九种故障的原因和特征

混色等九种故障的原因和特征见表 2—4—7。

表 2—4—7　　混色等九种故障的原因和特征

类型	原因	特征
混色	多色印刷机印刷是湿压湿印刷过程，如果后一色油墨的黏度大于前一色油墨，压印时，后一色油墨会将前一色油墨的一部分墨层剥下而混入后一色墨层中，渐渐地产生了混色现象	图文偏色或颜色不鲜艳
鬼影	印刷机着墨率设计不合理	印张中在大面积的实地上出现小的图像暗影
	版面图文设计不符合印刷工艺要求	
	版面水墨不平衡	
堆墨	油墨乳化。在多色印刷中，如果后印的油墨黏性太小，则不可能叠印上较多的油墨，结果油墨就堆积在墨辊、印版、橡皮布上，致使油墨传递和转移困难，导致与堆积处相对应的图文墨层墨色变得比标准样张浅淡，成为废品	颜料从油墨中分离出来，堆积在印版和橡皮布上，造成印刷品网点并糊
	堆橡皮布。原因是给墨量太多、水墨不平衡、水分太大、润版液酸性太强，使纸张上的涂层、纸粉、纸毛、灰尘转移到橡皮布上，造成堆墨现象	
	干燥剂加放不当。干燥剂加放量过多，加快了油墨的干燥，使油墨变稠、发韧，堆积在版面上，形成堆墨	
拉毛	纸张（通常为非涂料纸）表面强度不够	印刷时纸张表面的植物纤维（纸毛）被拉起或拉出，产生纸毛被拉起或拉掉的痕迹
	油墨的黏度过大	
	版面水分过大	
掉粉	涂料纸的表面强度不足	印刷时涂料纸在滚筒压力的滚压下，涂料层的涂料脱落，造成印迹墨层上有细小的白点，形成掉粉
	油墨的黏性过大	
	版面水分过大	
剥纸	纸张表面强度不够	印刷时纸张发生分层，一部分被剥下粘在橡皮布上
粘橡皮布	油墨的黏性过大	整张纸被粘在橡皮布上
	咬纸牙咬力不足	
	输纸歪斜引起咬纸量偏小	

续表

类型	原因	特征
墨屑斑点	油墨中的墨皮没有剔除干净	印刷品上出现一些不规则的空白点或小墨皮痕迹
	软质墨辊表面老化开裂	
	纸张表面强度不足	
	墨辊上沾有纸片、纸毛、灰尘、水辊绒毛或纸张卷上墨辊后没有清除干净	
碰脏	收纸吸风轮造成碰脏。印张在翻转时，由于吸风轮吸气过大，造成反面印刷图文被碰伤、擦伤，严重时会导致产品报废	印刷机上的机件在不正常状态下碰伤、擦伤印张
	摆动牙造成碰脏。采用下摆式递纸装置的平版印刷机，递纸装置在递纸时，前一张纸还没有完全离开输纸台的情况下，摆动牙就返回到前规处，摆动牙的运动稳定性提高了，但是摆动牙容易碰到前一张纸的后面约1/3部位，容易造成产品碰脏而影响产品的质量	
	压纸片的原因造成碰脏。平版印刷机在纸张到前规处，都有若干压纸片（压纸板），以防止纸张咬口上翘。但压纸片压得太低，容易造成纸张背面碰伤，使背面图文擦伤	
	收纸滚筒的原因造成碰脏。没有气垫防蹭装置的印刷机多配置了防蹭脏轮来防止印刷品蹭脏，但是这些防蹭脏轮调整的位置不合适，同样会使印刷品产生碰脏而影响产品质量	
	摆动压纸轮、输纸板上的压纸轮造成碰脏。摆动压纸轮、输纸板上的压纸轮压力太大会造成印刷品背面碰脏，墨量较大的产品，更容易被碰脏	

三、套印不准故障的解决方案

1. 套印不准故障的解决方案见表2—4—8。

表2—4—8　　套印不准故障的解决方案

故障类型	工作对象	解决对策
后印的图像位置等距离地偏向一方	分纸吸嘴	调整分纸吸嘴风力或位置
	毛刷轮、压球	调节毛刷轮和压球的压力或位置
	毛刷轮	调轻，能在纸面上轻轻转动即可
	毛刷轮	调节毛刷轮压力使其两边压力均匀一致
	输纸部件	调节相应部件的压力和位置
	输纸器	松开方向轴调节盘上微调螺钉，将机器倒转，拧紧后再调节，使其协调
	递纸牙轴	加入润滑油
	线带张紧轮、定位轮	清洗并加入润滑油
	输纸线带	绷紧线带

续表

故障类型	工作对象	解决对策
后印的图像位置等距离地偏向一方	送纸轴压轮	调整压力
	输纸台面	清洗，并撒上滑石粉
	压纸轮	调节压轮压力，并使其与滚筒轴线相垂直
	纸张	前规定位后，将纸张咬口与前规挡纸板之间距离调节为 6 mm 左右
	侧规压轮	调节压轮下压时间
	前规上挡纸舌	调低挡纸舌，使其能轻轻抽出三张纸，而抽动四张纸时有难度
	前规上挡纸舌	更换并修复
	两只前规	逐个调节，使其在同一直线上
	前规调节螺钉	调节紧
	拖梢定位毛刷	调节其位置，使其发挥防弹作用
	侧规压球、递纸牙	调节压球下落时间，使两者协调
	前规上挡纸舌	调高挡纸舌，使其能轻轻抽出三张纸，而抽动四张纸时有难度
	前规、侧规	校正侧规或前规，使其与前规或侧规成直角
	前规、递纸牙	校准两者之间的交接时间
	递纸牙	校正每一个小撑簧的咬力，使其足够均匀
	侧规挡纸舌	将挡纸舌调整到所印纸三张纸厚度位置
	侧规压轮	将压轮抬高一些，或将压轮撑簧放松一些
	纸张、侧规	调节纸张与侧规之间的距离为 5 mm 左右
	侧规压轮	增加支撑力或更换撑簧
	侧规	增加拉纸时间，并调整与前规交换的时间
	侧规压轮	拆下清洗
	递纸牙咬牙轴	拧紧轴向止推螺母
后印的图像位置不均匀地偏离位置	纸张	调节车间温湿度环境；保证水墨平衡的前提下，减少润版液使用量；印刷前对纸张进行调湿处理
	印版滚筒包衬	调整包衬厚度
	橡皮布滚筒包衬	调整包衬厚度
	印版	调整紧固螺钉，卡紧印版
	橡皮布	拧紧橡皮布
	拼版	最大限度地提高拼版精度
	印版版材	拉版时不宜用太大的力，拉不动时应仔细查找原因
局部图像套印不准	递纸牙	调节前规使其咬纸量均匀
	压印滚筒上个别咬牙	更换牙垫或增大咬纸力
	递纸牙上个别咬牙	增大压力或更换牙垫
	印版表面	加调墨油或减小印刷压力
	局部印刷压力	检查橡皮布和衬垫，重校印刷压力
	纸张	印刷前对纸张进行调湿处理
	拼版	最大限度地提高拼版精度
	印版版材	拉版时不宜用太大的力，拉不动时应仔细查找原因
	两个前规	降低速度或增加前规的数目．从而使纸张在前规处准确定位

2. 重影故障的解决方案

重影故障的解决方案见表 2—4—9。

表 2—4—9　　重影故障的解决方案

故障类型	工作对象	解决对策
局部重影	纸张表面	先用机器合压（上水，但不上墨）走纸，这样纸经过压印后，基本上达到平整状态
周向重影	印版	重新卡紧印版，周向、轴向两面的螺钉都要处于工作状态，这样可使印版的版卡子与印版滚筒的相对位置保持不变；调节版卡子上卡版间隙，确保印刷过程中印版与版卡子的相对位置不变；合压安装印版，这样可使印版紧密地包围在印版滚筒上
	橡皮布	重新装卡，确保橡皮布与卡子上的靠塞紧密接触，而且紧螺钉时应先紧中间，后紧两边，这样可防止橡皮布中间游积
	橡皮布	用扳手转动蜗轮蜗杆机构使橡皮布张紧
	橡皮布下的衬垫	更换衬垫
轴向重影	印版滚筒、橡皮滚筒及其他传纸滚筒	仔细检查这些滚筒轴向限位装置，不合适的要重新调整，一般其窜动量控制在 0.03 mm 以内
	多色印刷机上的印张	如果压印滚筒上牙片的压力太小，应加大牙片的压力；如果压印滚筒上的牙垫磨损严重，应更换牙垫；如果压印滚筒的咬纸量太少，应调节规矩，加大咬纸量；如果印刷压力太大，应减小印刷压力；如果油墨的黏度太大，应加调墨油或撤黏剂降低油墨的黏度；如果印刷满版厚实地，应换成软衬垫

3. 混色等九种故障的解决方案

混色等九种故障的解决方案见表 2—4—10。

表 2—4—10　　混色等九种故障的解决方案

故障类型	工作对象	解决对策
混色	四色胶印机、油墨	当发生混色时，应重新调整印刷色序（根据油墨特性合理安排色序），必要时，调整油墨的黏度，使后一色油墨的黏度略小于前一色油墨。在油墨中适量加放干燥油，也能够减轻混色现象
鬼影	胶印机着墨系统设计	选用着墨率设计合理（前两根着墨辊的着墨率占总量的绝大部分，起供墨作用；后两根着墨辊起匀墨作用）的印刷机印刷这类周向需墨悬殊的印刷品
	版面图文设计	从印前工艺着手，从版面设计上解决此问题
	版面水墨	严格控制版面水分，保持良好的水墨平衡，不让水墨过多
堆墨	油墨	在油墨中加入适量稠连接料、凡士林等，提高油墨的抗水性能，减小版面水量，减小墨量
	橡皮布	适当加一些辅助材料，提高油墨的抗水性能，减小版面水分，降低润版液的酸性，保持水墨平衡。如果纸张质量太差，应更换质量好的纸张
	干燥剂	首先将墨辊清洗干净，然后减少油墨干燥剂的比例（按技术规范加放干燥剂），重新上墨、匀墨

续表

故障类型	工作对象	解决对策
拉毛	纸张表面	对于这一类表面强度不够的纸张，可先用白油、维利油印一次来遮盖原先表面强度不够的纸面，然后再进行正式印刷。在印刷过程中，要严格控制水墨平衡和油墨的黏度，以免版面水分过大或墨层过厚、过稠。印刷时，务必使用理想压力，以此减少拉毛现象
	油墨黏度	
	版面水分	
掉粉	涂料纸表面	如果要使用这一类纸张，一般可以用白油、维利油先对纸张印刷一次，遮盖原先表面强度不够的纸面，然后再进行正式印刷。同时要严格控制水墨平衡，以免版面水分过大或墨层过厚、油墨过稠。印刷时，务必使用理想压力，并在印刷的油墨中加入适量的撤黏剂，以降低油墨的黏性，减少掉粉现象的发生
	油墨黏性	
	版面水分	
粘橡皮布	油墨黏性	适当降低油墨的黏性，调节好咬纸牙的咬纸力和咬纸量。对于高速多色的平版印刷机来说，如果是大幅面的印刷面积，这类平版印刷机的压印滚筒咬纸牙应该选用高位咬纸的方案才比较合理
	咬纸牙咬力	
	输纸歪斜	
剥纸	纸张表面	一般加适量的撤黏剂于印刷的油墨之中，以降低油墨的黏着性和剥离张力，并保持良好的水墨平衡。通过试印刷时测试待印纸张，或选用表面强度合适的纸张与印刷油墨相匹配，并达到“三平”（滚筒之间的压力要平衡、墨辊的压力要平衡、水辊的压力要平衡）、“三小”（水要小、墨要小、压力要小）、“三勤”（勤搅拌墨斗的油墨、勤清洗橡皮布及印版、勤抽样检查与控制版面水分）工艺规范的要求
墨屑斑点	油墨中墨皮	首先要及时清除在墨辊、印版、橡皮布和印刷油墨中的斑点墨皮、纸屑、碎纸粒等，认真清除纸张上的纸粉、灰尘、纸毛、纸屑、纸片和其他杂物，印版上的斑点墨皮或纸粒可用专用的刮板在规定的地方清除，而墨辊或橡皮布上的斑点和墨皮、碎纸、杂物等，需停机清除或清洗干净
	软质墨辊表面	
	纸张表面	
	墨辊表面	
碰脏	收纸吸风轮	调整吸风轮的吸气量，使之符合反面印刷的要求
	摆动牙	最好等正面的印迹干燥后再进行反面印刷，可以减少碰脏的概率
	压纸片	按要求调整压纸片的工作位置，既可以防止纸张咬口上翘，又可以让纸张顺利通过。另外，反面印刷时，最好等正面的印迹干燥后再进行
	收纸滚筒	在正式印刷开始前，用一张试印纸放到规矩处定位，然后点动机器，让试印纸张到达收纸滚筒，再根据试印纸张上的图文分布情况，把防蹭脏小轮调整至空白位置，可以减少碰脏发生的概率
	摆动压纸轮、输纸板上的压纸轮	在输纸过程中要适当减小摆动压纸轮和输纸板上压纸轮的压力，在能使纸张正常输送的前提下使用最轻的压力

四、排除故障

依据故障解决方案中给出的故障原因进行排除故障操作。

技能训练

1. 参照本任务中所学习的故障特征，在给定的印刷故障样张中找出套印不准、重影、鬼影、拉毛、掉粉、剥纸、粘橡皮布、墨屑斑点的印样，并写出故障原因分析报告。

2. 参照本任务中所学习的故障分析排除方法和程序，在单张纸胶印印刷模拟器上进行套印不准、重影等故障分析排除操作。

思考练习题

1. 印刷故障分为哪几类？
2. 试列举出常见的印刷设备故障。
3. 试列举出常见的印刷工艺故障。
4. 如何判断套印不准故障？
5. 行业标准对平版印刷品的最大允许套印误差有何规定？
6. 重影故障的判别方法是什么？
7. 印刷过程中纸张出现剥纸现象有哪几种？产生的原因是什么？如何解决？